Der Weg zum Ziel

Projekt-Management der besonderen Art

Helmut Breuer

Der Weg zum Ziel

Projekt-Management der besonderen Art

Helmut Breuer

Re Di Roma-Verlag

Bibliografische Information der Deutschen Nationalbibliothek:
Die Deutsche Nationalbibliothek verzeichnet diese Publikation in der Deutschen Nationalbibliografie; detaillierte bibliografische Daten sind im Internet über http://dnb.ddb.de abrufbar.

ISBN 978-3-86870-131-9

www.rediroma-verlag.de
13,50 Euro (D)

Inhaltsverzeichnis

1 Einführung

1.1 Was macht ein Projekt-Manager?

„Was macht ein Projekt-Manager?" Die Frage traf mich unvorbereitet. Sie kam von einer Projekt-Management-Assistentin, die man mir zur Seite gestellt hatte. Sie wollte in die interessante Disziplin „Projekt-Management" wechseln, wollte bei mir die Praxis „live" erleben und wollte feststellen, ob die Arbeit und das Arbeitsumfeld für sie das Richtige wären.

Ich war auf die Frage wirklich nicht vorbereitet, denn ich hatte sie auch noch nie gestellt bekommen - **was für eine Frage**! Eigentlich müsste ich sie adhoc beantworten können, denn ich „manage" schon seit vielen Jahren Projekte ...

„Sind die Tätigkeiten tatsächlich so, wie ich es bei Ihnen beobachtet habe: Projekt-Pläne anfertigen und auf dem Laufenden halten, Listen erstellen und pflegen, den Leuten hinterherlaufen und fragen, wie weit sie denn schon sind, Meetings abhalten, Protokolle schreiben? Ständig Leute nerven und auch dann noch freundlich sein? Immer Ruhe bewahren? Ist das alles, was ein Projekt-Manager zu tun hat?" fragte mich die junge Kollegin.

Nach kurzer Überlegung sagte ich: „Ja, das sind so ungefähr meine Tätigkeiten, **das** ist das Leben eines Projekt-Managers", denn ich wusste in diesem Moment keine bessere Antwort. Darauf sagte sie: „**Nein, das ist mir zu fad,** so ein Job interessiert mich nicht, ich will was Anspruchsvolleres, dafür habe ich nicht studiert!" –

„Hmh, ja... ok"

Damals konnte ich unvorbereitet nicht besser antworten. Heute jedoch würde meine Antwort anders ausfallen, etwas länger, etwas intensiver, detaillierter, denn die Frage ließ mir keine Ruhe, und ich begann aufzuschreiben, was denn wirklich meine Tätigkeit war. **Hier ist das Ergebnis – mein Buch!**

Wie „fad“ ist Projekt-Management?

Will man immer wieder in neuen Projekten erfolgreich sein, braucht man neben menschlichen Qualitäten auch eine Idee, ein Projekt zu leiten, eine Intuition, wie das neue Projekt anzupacken ist, denn jedes Projekt hat seine eigene Herausforderung, kein Projekt gleicht einem anderen. Zwar gibt es Standard-Verfahren, diese sind jedoch nicht immer anwendbar, oft muss man einen neuen Weg suchen, um ans Ziel zu kommen.

„Projekte erfolgreich managen“ heißt, ein Team so zu verändern und zu beeinflussen, dass es mit den Projekt-Plänen und -Zielen harmonisiert. Dazu muss die Situation immer wieder überdacht und verändert werden. Das erreichen Sie mit Sachverstand, Herz, Gefühl und persönlicher Stärke.

Vor jedem Projekt stellte ich mir die Fragen in der Hoffnung, auch immer die Antworten zu finden:

- Welche Methode führt zum Ziel?
- Wie kann ich die erlernten Methoden und Verfahren so verändern, dass sie den neuen Aufgaben genügen?
- Welche Bilder und Darstellungen verschaffen den nötigen Überblick, welcher Plan ist der aussagefähigste?
- Wie kann ich mich auf neue Situationen einstellen?

Pläne, Tabellen, Aufzeichnungen, die gestern noch passten, können einem neuen Projekt unter Umständen nicht mehr gerecht werden.

Stetes Zuhören, Beobachten, Aufnehmen, Abgleichen, Verändern, Kommunizieren, Informieren, Registrieren wie andere es machen, gepaart mit der nötigen Sensibilität für das Wesentliche, sind gute Voraussetzungen, um dorthin zu gelangen, wo Sie hinwollen, nämlich zum Projekt-Ziel!

Das ist doch nicht fad! Das ist höchst kreativ.

1.2 Was möchte ich mit diesem Buch erreichen?

Ich erhebe nicht den Anspruch, ein Standard-Fachbuch über dieses Thema zu schreiben, denn davon gibt es viele. Ich möchte erzählen und berichten, was ich so erlebt habe in den 40 Jahren meiner EDV-Tätigkeit, heute IT (Information Technology) genannt, und was „Projekte managen" so spannend und interessant machen kann.

Mit diesem Buch möchte ich Projekt-Management-Themen behandeln, die in anderen Büchern nicht oder nicht in dieser Form vorkommen. Ich möchte meine Erfahrungen weitergeben und versuchen aufzuzeigen, welche Ursachen es haben könnte, dass alle meine Projekte erfolgreich waren. Es war sicher auch der unbewusste Aufbau der menschlichen Kontakte während der Projekte, denen ich viel Raum gab.

Der Schlüssel für den Erfolg und die positive Resonanz scheint die menschliche Seite zu sein, die ich damals unbewusst hatte, die mir am Herzen lag und liegt. Hierauf möchte ich in diesem Buch besonders eingehen.

Mir ist im Laufe der Zeit klar geworden, dass ich intuitiv meine natürliche Offenheit, mein Herz, mein Gefühl, meine menschliche Führung und meine eigene Stärke für das Managen von Projekten eingesetzt habe. Dadurch habe ich immer wieder Probleme umgehen oder schon sehr früh klären können.

Diese Faktoren werden in Seminaren und Büchern über Projektmanagement kaum oder gar nicht behandelt, und doch ist der menschliche Umgang mit den beteiligten Personen für das Gelingen eines Projektes von entscheidender Bedeutung.

Ich möchte Sie in diesem Buch mitnehmen auf einen Weg, die menschliche Seite beim Managen eines Projektes zu beachten; mitnehmen auf eine spannende Reise voller Kreativität und menschlicher Erfüllung; mitnehmen auf den Weg des Zusammenspiels von technischem Verständnis, organisatorischem Vorgehen/Geschick und menschlicher Führung.

Es soll auch ein Buch sein, das Ihnen helfen kann, Projekte zu managen und dabei Freude zu empfinden.

Wenn Sie eine Leidenschaft verspüren zu organisieren, wenn Sie Menschen begeistern können, wenn Sie mit diesem Personenkreis auf ein gemeinsames Ziel zusteuern wollen, wenn Sie gerne mit Menschen arbeiten, dann sollte Ihnen dieses Buch helfen, auf dem Weg zu bleiben und weiterzumachen.

Ich schreibe dieses Buch, nachdem mich ein geschätzter Kundenmitarbeiter dazu animierte. **René** war es auch, der mir empfohlen hatte, die lustigen Begebenheiten aus meinen Projekten, die ich ihm erzählte, ebenfalls in dieses Buch aufzunehmen.

Was mir beim Entstehen dieses Buches immer klarer wurde, ist auch die Tatsache, dass das Managen von Projekten sehr viele Parallelen zum Meistern des eigenen Lebens hat.

Sachverstand, Begabung, Lernbereitschaft, Beobachtungsgabe, Sensitivität und Offenheit für Neues sind auch für das Leben von großer Bedeutung. Ich habe durch das Managen von Projekten auch viel fürs eigene Leben dazu gelernt.

Die passende Lektüre?

Sie haben Folgendes bestimmt schon erlebt: Sie lesen etwas über einen erfolgreichen Menschen und überdenken seine Lebensgeschichte. Da kommt Ihnen der Gedanke, „aha, zur richtigen Zeit am richtigen Ort.“ Oder aber, Sie hören in einem Gespräch von einem besonders guten Buch und sofort interessieren Sie sich für den Titel, nach dem Motto „zur passenden Zeit das passende Buch“.

Ich wünsche mir, Sie werden auch von diesem Buch sagen können, dass es für Sie die passende Lektüre zur passenden Zeit ist. Ich habe es geschrieben, um meine Erfahrungen bei der Leitung von Projekten weiterzugeben und auch die Begeisterung, die ich bei dieser Arbeit immer verspürt habe.

Ich hoffe, dass dieses Buch Sie auf den Weg bringt, die Faszination von Projekten zu entdecken oder bewusster erleben zu können.

Es soll Sie weiterbringen, Ihrem Auftraggeber, Ihrem Kunden einen wirklich guten Service zu liefern, um so vielleicht die „Servicewüste Deutschland“ mit einer weiteren Oase wirtlicher zu machen.

Pack’ ma’s - sagt der bairische Autor.

1.3 Meine ersten Schritte im Arbeitsleben

Der Weg vom „Träumer zum Projekt-Manager mit Leidenschaft“

Alles andere als ein Traum war mein Start als Lehrbub in einer „Klitsche“, die Stromzähler herstellte und den imposanten Namen „*Süddeutsche Zählerwerke*“ trug. Ich erlernte dort den Beruf des Elektromechanikers, und ich lernte dort auch, wie man mit einem Apparat umgeht, den Mr. Edison erfunden hat - das Telefon - denn so einen Apparat gab es bei uns zu Hause noch nicht.

In dieser „Klitsche“ wurde eine entscheidende Weiche für mein Leben gestellt. Der „Weichensteller“ war mein Lehrmeister, der vermutlich meine verborgenen Fähigkeiten erahnte und mich drängte, ein Vorstellungsgespräch zu vereinbaren, einen Termin bei einer mir damals unbekannten Firma mit drei Buchstaben, es waren die Initialen eines international renommierten Computer Unternehmens.

Mit meinen 17 „Lenzen“ wurde ich tatsächlich zu einem Termin geladen. Ich hatte, Gott sei Dank, damals schon einen Anzug und machte mit Krawatte vielleicht keinen so schlechten Eindruck. Auf jeden Fall wusste ich nicht, was da auf mich zukommen könnte da ich die Firma nicht kannte, war ich nicht einmal aufgeregt.

Der freundliche Herr, der mir gegenüber saß, war vermutlich ein „Personaler“. Er war sehr nett zu mir und nach einigen Fragen stellte er fest, dass ich für die offenen Stellen noch zu jung war. Er verabschiedete mich mit den Worten „Stellen Sie sich nach Ihrem Wehrdienst erneut vor“ und gab mir die Adresse für meine mögliche Zukunft.

War ich zur richtigen Zeit am richtigen Ort?

Die Zeit, nach meiner Lehrzeit bis zum Ende des Wehrdienstes, nutze ich zur Ausbildung zum Elektro-Techniker an einem Fern-Lehr-Institut. So konnte ich mich mit einem verbesserten Selbstwertgefühl, guten Gewissens, nach meinem „Dienst an der Waffe" an die genannte Adresse wenden. Ich wurde prompt zu einem Einstellungstest geladen und ging ohne jegliche, spezielle Vorbereitung dorthin, da ich es nicht besser wusste. In der heutigen Zeit würden die meisten Bewerber die Hände über dem Kopf zusammenschlagen ob meines damaligen Verhaltens im Jahre 1969. Heute würde man sich als Bewerber auf so einen wichtigen Termin erheblich besser vorbereiten. Auf jeden Fall ging ich zu diesem Test „so grün hinter den Ohren", wie ich halt damals war.

Doch ich bestand!

Bald darauf war ich in der glücklichen Lage, einen Anstellungsvertrag dieser Weltfirma in Händen zu halten, einen Vertrag mit einem wohlklingenden Firmennamen.

Ich wurde als EDV-Techniker eingestellt, mein Arbeitsplatz war im Technischen Außendienst (TA).

Es war kein leichter Start...

In diesem Unternehmen wurde und wird Motivation und selbstständiges Arbeiten als Firmenkultur gelebt und immer noch als sehr wichtig erachtet. Ich hingegen kam von einer „Firma", der Bundeswehr, bei der Gehorsam unabdingbar waren, selbständiges Denken und Handeln dagegen eher nicht erwünscht und auch nicht der Sache dienlich waren.

So kam es dann zu den unvermeidlichen Worten.

„Herr Breuer, Sie sind ein Träumer"!

Diese Einschätzung kam von einer Sachbearbeiterin meines neuen Arbeitgebers, bei dem ich später den größten Teil meines Arbeitslebens verbrachte. Heute, im Vorruhestand, bin ich immer noch ein stolzes Mitglied „meiner" Firma.

Ja, nach 18 Monaten Wehrdienst, einer Welt des Gehorsams, fand ich mich plötzlich in einer Umgebung wieder, die mich in ganz neuer Weise forderte. Die Firmenkultur setzte Eigenmotivation und selbständiges Arbeiten voraus. Recht hatte die Sachbearbeiterin, denn es dauerte viele Monate, bis ich mich auf die neue Arbeitsweise umstellen konnte. Ich war einfach noch zu „grün“ und war einer von vielen. Ich lief sozusagen „mit dem Haufen mit“. Dennoch **träumte** ich damals auch von dem Tag, an dem ich erfahren durfte, was ich besser konnte als alle meine Kollegen. Bis zum Tag dieser Erkenntnis war ich immer durchschnittlich in meinen Arbeitsergebnissen. Aber der Tag der Erkenntnis sollte kommen.

Ich habe weiter geträumt und gearbeitet, um erst nach vielen Jahren herauszufinden, in welchem Bereich ich Überdurchschnittliches leisten konnte.

Das Managen von Projekten.

Ich träumte aber gewiss nicht davon, mal ein Buch zu schreiben über ein Thema, das mir große Freude bereitet und zur Passion geworden ist, nämlich - **Projekt-Management.**

Meine erste Geschäftsreise

Wie ein Traum war es auch, als …

Wie schon gesagt, ich war beim Eintritt in besagtes Unternehmen noch ziemlich „grün“, aber leistungsfähig genug, um bestehen zu können.

So erhielt ich eines Tages den Auftrag, eine neue EDV-Maschine, kennenzulernen - ein Terminal für die Bankfilialen, damals das erste auf dem Markt. Solche Schulungen hatte ich schon einige Male in unserem Ausbildungszentrum im schönen Mainz erlebt, nur dieses Mal war die Schulung in einem Labor. Nicht in irgendeinem Labor, sondern in einem Ort in der Nähe von Nizza.

Das war ja nun schon etwas Besonderes, denn ich war bis dahin noch nie in einem Flugzeug geflogen. Eine Geschäftsreise mit einem Flugzeug. „Zwickt's me, i glab' i dram" würde ein österreichischer Liedermacher singen.

So unbeleckt und unwissend nahm ich auch das Ticket von der Sekretärin entgegen. Ich las für mich auch keine ungewöhnlichen Informationen drauf, München - Nizza und zurück.

Aufgeregt am Flughafen angekommen, legte ich stolz mein Ticket beim „Check in" vor. Die Dame sah mich lächelnd an und sagte mir, „So einen Flug gibt es gar nicht". Ja, damals konnte man noch auf das Ticket schreiben, was man wollte.

„Aha", dachte ich mir, geht schon gut los.

Nach langen Verhandlungen und vielen Telefonaten gab es tatsächlich eine Lösung. Wir, mein Kollege Rudi und ich, flogen nach Zürich, ein Hotel für eine Übernachtung wurde auch arrangiert, denn erst am nächsten Tag ging ein Flug von dort nach Nizza.

Der Flug über die Alpen war ein Traum, die Landung in Nizza ein kleines Abenteuer.

Die Fahrt mit dem Taxi durch die mit Palmen gesäumte Prachtpromenade, entlang am Meer, war ein Erlebnis. Das Hotel, in dem wir gebucht waren, ließ mich als „Kind vom Dorf", nur noch weiter staunen, denn im Aufzug kam Musik aus einem Lautsprecher. Als wir am Pool auf dem Dach - ja so etwas gab es dort - einen Drink serviert bekamen, war es um mich geschehen, es war wie in der Erzählung aus 1001 Nacht! Staunend saß ich in meinem Stuhl und blickte über die Dächer von Nizza! Grandios! Atemberaubend!

Die Fahrt am nächsten Tag zur „Schulung" - ich wäre bereit gewesen, die Tage von meiner Urlaubskarte abbuchen zu lassen, diese Fahrt war wieder zum Staunen. Vorbei an Palmen, Meer, in einer südländischen Stimmung, wie ich sie vorher noch nie gekannt und empfunden hatte. Weiter ging es durch die Berge, bis ein futuristisches Gebäude auf Stelzen durch die Vegetation hindurch sichtbar wurde.

Die Arbeit in dieser fantastischen Bergwelt war mehr als angenehm. Die Luft, die Sonne und die gut gelaunten Kollegen ergaben ein wohliges Hochgefühl, wie man es nicht so häufig erleben kann. Das Studium der neuen Maschine ging wie geplant voran.

Eine besondere Unterbrechung war das Mittagessen in der Kantine, die eine noch bessere Qualität hatte als unser Münchener „Gourmettempel“ am Eisbach in München. Die französischen Feinschmecker waren das hier anscheinend so gewöhnt.

Weitere Besonderheiten in dieser „Arbeitsidylle“ waren die Boccia-Spieler zur Mittagszeit, die unter dem Gebäude ihren täglichen Wettbewerb abhielten und die Tatsache, dass es hier Wein in großer Auswahl an der Getränke-Theke der Kantine gab. Das erstaunte mich, da es doch ein „Firmen-Gesetz“ gab, nämlich keinen Alkohol in den Kantinen weltweit.

Andere Länder, andere Sitten, das war mir schnell klar. Was es da noch für einen Unterschied gab, zwischen uns und den Franzosen, lernte ich in den nächsten Tagen kennen. Ein „Vice President“ aus den USA war auf Besuch in diesem Labor und wurde zum Mittagessen in dieser Kantine erwartet. Als die ersten Franzosen um 12 Uhr die Kantine betraten, stellten sie entsetzt fest, es gab keinen Wein in den Vitrinen! Da das Management einen “Rüffler“ aus dem „Head Quarter“ in den USA befürchtete, wurde die ungewöhnliche Maßnahme ergriffen, den Wein durch Wasser und Säfte auszutauschen. Was passierte? Die französischen Kolleginnen und Kollegen drehten sich auf dem Absatz um und verließen die Kantine. Das sprach sich in Windeseile herum, und so konnte der Koch nur ein paar versprengte Ausländer wie uns bewirten. Die Köche liefen aufgeregt hin und her und waren sichtlich nicht guter Dinge. Was darauf hin passierte, ließ sich nur erahnen. Fürchtete der Koch, auf dem Essen sitzen zu bleiben? War die Angst vor den

Mitarbeitern größer als die Angst vor dem „Rüffler“ aus den „Staaten“? Keine Ahnung, aber um 13 Uhr war der Wein wieder in der Vitrine und die Franzosen saßen beim Essen…!

Was mich an dieser Geschichte stark beeindruckt hatte, war das konsequente und solidarische Vorgehen der französischen Kollegen, um ein Ziel zu erreichen, das sie für sehr wichtig hielten. Eine pikante Situation.

Das lehrte mich folgendes: Ein konsequentes Vorgehen ist angebracht, wenn man sich der positiven Sache sicher ist! Das ist der Weg zum Ziel!

Die Bank Terminals, die wir im Labor getestet und studiert hatten, wurden alsbald eingesetzt. Bei jeder Maschine, die ich installierte, waren meine Gedanken sofort wieder bei diesem Erlebnis auf dieser für mich ersten und so eindrucksvollen Geschäftsreise.

Was kann ich denn besser als andere?

Nach einigen technischen Ausbildungsgängen und Jahren des Erfahrung Sammelns, bekam ich in dieser vorzüglichen Firma die technische Verantwortung für einen großen Kunden, ein Ministerium in München.

Auch hier stellte ich wieder fest, dass ich nur Mittelmaß war, Mittelmaß im Lösen von komplizierten, technischen Problemen, aber - ich ging auf in der Arbeit, dieses Rechenzentrum am „Laufen“ zu halten. Mich interessierte die Gesamtheit der Aufgabe, Maschine und Mensch, Technik und menschliches Verhalten.

Es waren verschiedenste Aufgaben zu bewältigen: die Reparatur der unterschiedlichsten Peripherie-Einheiten, Neuinstallationen und auch die von nicht allen Kollegen geliebte Verkabelung im Doppelboden. Es gab für mich keine Arbeit, keine Aufgabe, die ich ungern machte, keine Tätigkeit, die ich mit Widerwillen durchführte, keine die ich bevorzugte, denn jede Arbeit gehörte für mich zur gesamten Aufgabe, **zur Erreichung des Zieles, der Kundenzufriedenheit.**

Oder war da doch etwas, was mir mehr lag, was mir ein bisschen mehr Freude bereitete? Es stellte sich so langsam heraus, dass die Organisation all dieser Aufgaben mir etwas mehr Spaß machte als die technischen Dinge, denn irgendwie war es „mein“ Rechenzentrum. Planen und Organisieren wurde langsam das, was mir besonders am Herzen lag.

Wenn ich so zurückblicke, sehe ich auch, dass ich Talent hatte, mit dem Rechenzentrumsleiter oder dem EDV-Leiter zu reden, sie informiert zu halten, besonders wenn es größere technische Probleme mit der CPU (Central Processing Unit) oder anderen wichtigen Peripheriegeräten gab, die von mir nicht sofort lösbar waren.

Was ich damals intuitiv wahrnahm, war, dass manchmal ganz andere Probleme zum Vorschein kamen, sobald ich bei einem heiklen, für mich unlösbaren technischen Problem einen Spezialisten zu Rate ziehen musste. Damals geschah es doch noch hin und wieder, dass die Zentraleinheit, die „CPU“, ausfiel. Heute ist das wirklich sehr selten der Fall, denn die „CPU“ besteht aus mehreren Prozessoren, und bei einem Problemfall eines Prozessors übernimmt ein anderer die Arbeit.

Nun, die „CPU“ war „down“, der Spezialist, den ich nach kurzer Zeit der Voranalyse rief, war bald vor Ort, und schnell war dieser vertieft in die Problematik. Der EDV-Leiter ließ nicht lange auf sich warten, mit der brennenden Frage *„wie lange wird es denn noch dauern?“*. Auf diese unausbleibliche Frage gab es oft sehr undiplomatische, manchmal unverschämte Antworten der Spezialisten. Der Grund für solch unkontrollierte Aussagen war, dass diese Fragen den Spezialisten unvermittelt aus seinen technischen Gedanken rissen. Der EDV-Leiter war im Anschluss verärgert, und somit folgten postwendend Beschwerden bei unserem Management. Das Problem löste ich wieder einmal intuitiv dadurch, dass ich in angemessenen Abständen das Kunden-Management pro-aktiv informierte, sodass sich ein Gespräch mit dem Spezialisten meistens erübrigte. Das war auf einmal meine Aufgabe. Eine Aufgabe, die ich für sehr wichtig hielt. So wichtig, wie die Reparatur selbst war, war es auch, einerseits den Spezialisten in Ruhe arbeiten zu lassen und andererseits den Kunden sehr gut zu informieren.

In solchen Situationen ist mir bewusst geworden, was ich besser konnte als die Spezialisten.

Spezialisten können etwas viel besser als ich, nämlich komplizierte, technische Probleme lösen, aber ein einfühlsames Gespräch mit dem EDV-Leiter, Verständnis für die Situation, in welcher sich der EDV-Leiter befindet, das war meist so gar nicht deren Stärke. Ich wurde durch diese Umstände und durch diese Konflikte zum Vermittler zwischen den technischen Spezialisten und dem EDV-Leiter.

Ich konnte mich in die Situation meines Kunden versetzen, ich konnte helfen, Problemsituationen zu entschärfen oder diese im Vorfeld erst gar nicht entstehen zu lassen.

Ja, ich konnte helfen!

1.4 Vom Helfen

Wie viel mir am "Helfen" liegt, entdeckte ich erst im Laufe meiner Arbeitspraxis, es war „Zufall“, ja es fiel mir zu!

Eines Nachts, vor 30 Jahren, klingelte um zwei Uhr morgens das Telefon. Der Schichtleiter „meines“ Rechenzentrums war am Apparat und berichtete in höchster Panik, sein (und somit auch mein) Rechenzentrum sei nach einem Blitzschlag nicht mehr funktionsfähig, die gesamte Anlage lasse sich nicht mehr hochfahren. Obwohl ich aus tiefem Schlaf geweckt wurde und auch nicht zum Bereitschaftsdienst eingeteilt war, hat mich der Anruf - selbst zu meinem Erstaunen - keineswegs verärgert. Im Gegenteil, ich wurde gebraucht, es gab eine Krise und ich wollte helfen, denn helfen macht mir Spaß!

Da das Problem telefonisch nicht lösbar war, setzte ich mich ins Auto und löste das Problem ab 3 Uhr früh vor Ort.

Dieser Vorfall war ein weiterer Hinweis, in welche Richtung mein Weg gehen sollte. Ich spürte immer wieder den Wunsch, helfen zu wollen!

Es war und ist für mich kein Problem, gestört zu werden. Im Vordergrund ist der Gedanke, da braucht jemand Hilfe. Auch wenn ich tief in Gedanken war oder bin, ist es kein Problem für mich, gestört zu werden. Hilfe geben ist mir wichtiger als aus meinen Gedanken gerissen zu werden! Ich darf jederzeit gestört werden, egal was ich tue!

Der menschliche Kontakt zu meinen Kunden, zu den Mitarbeitern „meines“ RZ’s, war mir immer außerordentlich wichtig!

Eine Wort-Spielerei

Wenn ich an Helfen denke, fällt mir eine Wort-Spielerei ein, die ich gelesen habe. Das hat mir zu denken gegeben.

Sie lautet ungefähr so:

Ich helfe…

Ich müsste helfen…

Man müsste helfen…

Man müsste überlegen, wie man helfen könnte…

Man müsste darüber diskutieren, wie man helfen könnte…

Man müsste einen Arbeitskreis gründen, um zu diskutieren, wie man das Helfen angehen könnte…

Man müsste einen Termin finden für eine Tagung, wo man sich klar wird, welche Leute man zu dem Arbeitskreis einlädt, bei dem man diskutiert, wie man über das Helfen nachdenken könnte…

Man müsste …man müsste

Vielleicht könnte „das Helfen wollen“ auch Ihre Devise werden, denn Helfen macht auch glücklich!

Ein Herbsttag in der EDV

Natürlich wollte ich auch **helfen**, als an einem Herbsttag abends um 17:00 Uhr bei meinem Kunden in der Ludwigstrasse in München die CPU, das Herzstück eines Rechenzentrums, mit lautem Alarm die Arbeit einstellte. Ich stürzte in den Keller, in dem die CPU aus Sicherheitsgründen stand und wurde vom Qualm begrüßt, worauf ich den Not-Aus-Schalter betätigte. Ich musste mich langsam auf einen langen Abend einstellen. Ich dachte nicht ans „nach Hause" gehen, ich plante im Geist den Abend und die Nacht, das war für mich selbstverständlich. Es musste mir niemand sagen, was ich zu tun hatte, denn das war für meinen Service-Gedanken, für meine Einstellung zum Helfen klar. Ich werde bleiben, bis der Notfall vorüber oder eine Ablösung eingetroffen ist.

Die Zeit, bis die Klimaanlage den Rauch abgesaugt hatte, wollte ich mit dem Einholen einer Notration von Essen und Getränken überbrücken. In einer nahen Bäckerei konnte ich die Besorgung tätigen. Ich musste dazu nur durch einen kleinen Park gehen, den Finanzgarten, wie er genannt wurde, anschließend die vierspurige Von-der-Tann-Strasse überqueren, um zu der Bäckerei zu gelangen. Dieser kurze Fußmarsch würde selbstverständlich ohne jegliches Problem ablaufen, so wie alles an diesem Tag – bis 17:00 Uhr. Aber aus unerfindlichen Gründen war die Beleuchtung des Weges durch den kleinen Wald ausgefallen, was mich weiter nicht störte, obwohl es zu dieser Jahreszeit schon dunkel war, denn der Weg war mir wohl bekannt.

Eine kleine Schwelle, die ich bei Tageslicht nie registriert hatte, bremste jäh meinen flotten Schritt. Ich stolperte und strauchelte, und das brachte mich zum Fallen. Das wiederum wäre im Normalfall kein unüberwindliches Problem gewesen, doch leider steckten beide Hände tief in den Hosentaschen. Beim Fallen riss ich im Reflex die Hände aus den Taschen. Was aber dann auch riss, war die Naht der Taschen und zu allem Überfluss auch noch die Naht am Gesäß. So fiel ich meiner ganzen Länge nach auf den staubigen, mit Kieselsteinen belegten Parkweg. Mein Knie machte noch Bekanntschaft mit einer kantigen Baumwurzel, die mir auch noch nie aufgefallen war. Meinen allgemeinen Zustand und den Zustand meines neuen Anzuges konnte ich erst im Licht der ersten Straßenbeleuchtung in Augenschein nehmen. Mein neuer, fein karierter Anzug wies einige Gebrauchsspuren auf, das Hosenbein war durch den entstandenen Triangel am Schienbein etwas blutig und die Staubschicht war nicht zu übersehen. Der momentan sichtbare „Dresscode“ wäre wohl in keinem Geschäfts-Knigge als akzeptabel beschrieben worden. Unter der Isarbrücke würde ich jedoch so willkommen gewesen sein, dort wäre ich in diesem Zustand nicht aufgefallen.

In der Bäckerei angekommen, wurde ich von oben bis unten betrachtet und ich war froh, trotz meines eigenartigen Aussehens bedient zu werden. Ich bekam sogar eine Papiertüte für meinen Proviant ausgehändigt, dieser bestand aus vier Semmeln und einem Liter Milch im „Tetrapack“. Sehr erleichtert verließ ich die Bäckerei mit meiner Notration, um meinen Unglücksweg zurück zu gehen. Schlimmer als bis hierher konnte es nicht kommen – meinte ich.

Wieder musste ich die vier Fahrbahnen der Von-der-Tann-Strasse überqueren, wohl keine Großtat. Doch dann kam die nächste Panne.

Das Problem begann mit einem herannahenden Lastwagen. Da ich trotz vorausgegangenen Sturzes noch gut beweglich war, wollte ich noch vor dem LKW zwei der vier Spuren dieser Strasse überqueren und schaffte es auch… nur bemerkte ich beim Spurt über die Fahrbahnen nicht, dass meine Tüte die sportliche Anstrengung nicht aushielt und der Boden der Papiertüte entzwei ging, sodass das Paket mit Milch und Semmeln auf der Fahrbahn landete. Dies bemerkte ich nicht. Die Chance, dass ein LKW-Reifen die Milchtüte platt macht, ist 1:10, ich „gewann“. Ein dumpfes „Plopp“ und eine Milchfontäne ergoss sich über mich. Der LKW hatte die Milchtüte mit einem Reifen zerquetscht und mein Aussehen weiter zum Negativen verändert.

Die Veränderung meines Äußeren in der letzten halben Stunde war offensichtlich doch sehr groß. Als ich das Rechenzentrum nach 30 Minuten Abwesenheit wieder betrat, trauten die RZ-Operatoren ihren Augen nicht.

Es war nicht Entsetzen, das mich beim Eintreffen erwartete, nein, schallendes Gelächter, denn es war eher eine Kabarett-Nummer, die ich lieferte.

So benötigten die Anwesenden eine geschlagene Stunde, um sich wieder zu beruhigen. Ich habe selten Menschen gesehen, die so herzhaft und ausgelassen gelacht haben. Für den Unterhaltungswert hätte ich sicher eine 9,9 auf einer Skala bekommen, die bis 10 reicht.

Ob diese Geschichte nun **zum Helfen** oder zu einem **guten Service** passt, darüber sollten Sie selbst urteilen. Zum Lachen taugt sie auf jeden Fall.

Bemerkenswert war, dass ich nicht einmal verärgert war über die außergewöhnliche und komische Situation. Die Dienstleistung, das Helfen, war in meinem Kopf im Vordergrund geblieben.

Das eigentliche CPU-Problem entpuppte sich als technischer Defekt in der Klimaanlage, die ihren Dienst quittierte. Die Raumtemperatur stieg und die Zentraleinheit schaltete ab. Der Rauch kam, Gott sei Dank, in Form von Wasserdampf aus der Klimaanlage. Nach der Abkühlphase der CPU und der Reparatur des Klimagerätes war das Rechenzentrum wieder einsatzbereit.

2 Vom Helfen zum Projekt-Manager

Im technischen Außendienst war das Helfen an der Tagesordnung, es war Dienst am Kunden. Ich half, die Maschinen zu reparieren und sah anschließend die Zufriedenheit des Kunden.

Ein Lächeln und ein nettes Wort meinerseits verhalfen mir unbewusst auch zu der einen oder anderen Tasse Kaffee. Ich erkannte, dass Helfen mir einfach Spaß macht, es lag vermutlich auch an den zufriedenen Gesichtern, in die ich nach getaner Arbeit schauen konnte.

Wie kam ich dann zum Managen von Projekten?

Da die EDV-Maschinen, die CPUs und die Peripheriegeräte mit der Zeit technisch sehr stark verbessert wurden, gab es auch weniger Wartungsarbeiten und notwendige Reparaturen. So kam es, dass immer mehr Personal im Technikerbereich abgebaut oder umgeschult wurde.

In dieser Zeit entwickelte und baute unsere Firma auch Roboter für die Industrie, und ich erfuhr, dass dieser Bereich Techniker benötigte, die in den USA ausgebildet werden und anschließend selbst Schulungen durchführen sollten. Ich wusste sofort, dass ich **das** Wollte: eine Geschäftsreise in die USA und Schulungen abhalten. Ich setzte alle Hebel (Beziehungen) in Bewegung, denn ich WOLLTE dies unbedingt.

Ich bekam eine Absage. **Ich wollte, doch bekam es nicht!**

Da traf ich, rein „zufällig“, in München meinen ehemaligen Geschäftsstellenleiter Franz S. Wir hatten ein sehr gutes Verhältnis, da ich unter ihm nicht nur ein ordentliches Arbeitsergebnis erzielte, sondern mich auch um die lustige Umrahmung seiner jährlichen Geschäftsstelle-Meetings gekümmert hatte.

Wir, mein Chef Manfred B. und ich, machten Texte und sangen mit Kollegen bekannte Melodien dazu. Texte, die auf die Arbeit gemünzt waren und auch Texte, mit denen wir die „Schwächen“ unseres Geschäftsstellen-Leiters Franz S. zu Tage brachten. Dessen „Statement“ war: „Wenn Ihr nicht mehr über mich singt, bin ich ja uninteressant“. Aus der Zeit stammte auch die Aussage von Manfred: „Die Besten sind wir nicht, aber die Lustigsten“ (meistens waren wir auch bei den Besten).

Nun, ich erzählte meinem ehemaligen GS-Leiter die Geschichte mit meiner internen Bewerbung und der Absage. „Ja,“ sagte er, „ stell’ dich doch mal beim Herrn von D. vor, in dem Bereich „System Service Süd“. Gesagt, getan!

Ich wurde prompt übernommen, ohne besondere Tests, da mein Mentor mich dort sicher passend avisiert hatte, und ich ließ zu, was da auf mich zukommen würde.

Ich hörte das „Nur Wollen“ auf und habe einfach „losgelassen“! Was dann in den nächsten Jahren kam, war verblüffend und ist ein nachhaltiges Beispiel dafür, dass oft „mehrere Wege nach Rom führen“:

- Wir bauten eine neue Beratungslinie auf und…
- ich unterrichtete Kunden in diesem Bereich und…
- ich wurde für eine Unterstützungsaufgabe in die USA geschickt.

Beide Ziele, USA und Schulungen durchführen, erreichte ich durch das „Loslassen“. Ich hörte auf, um jeden Preis etwas zu „wollen“. Der Weg öffnete sich.

2.1 Das Wollen und Loslassen

Ein Sprichwort sagt: „Alles, was man wirklich will, erreicht man auch". Das mag für einige Menschen zutreffen. Es ist ein Weg für Leute, denen das Erreichen ihres Zieles so wichtig ist, dass sie dafür alles opfern, sei es Freizeit, Familie oder auch sich selbst.
Ich habe auch längere Zeit einiges unbedingt gewollt. Ich wollte Karriere machen, mich herausheben, bedeutend sein. Erst als ich los ließ, zufrieden war mit dem Erreichten, zufrieden mit dem, was ich war, was ich gemacht und dabei Freude empfunden hatte, eröffneten sich plötzlich die Möglichkeiten, die ich mir immer gewünschte.
Einen Wunsch zu haben ist legitim und positiv, das Wollen um jeden Preis ist nicht mein Weg.

2.2 Die neue Beratungslinie

Wie schon gesagt, es war die Zeit im Service-Bereich „Systems Service Süd", der Direktor war Martin W., als mein damaliger Manager Ernst G. und unser Chefberater Helmut F. 1985 ein neues Beratungskonzept entwickelten. Wenn es so etwas Ähnliches schon mal gab, so wurde es hier sicher besser und ganz hervorragend neu inszeniert!

Eine geniale Idee, die Erfolg brachte. Helmut F. lehrte uns dieses neue Konzept leben. Er lehrte uns, wie man vor Kunden präsentiert und wie man die dazu nötigen Präsentationsunterlagen erstellt. Er lehrte uns die Technik und auch, wie man die Kunden-Schulungen durchführen sollte. Er lehrte uns einfach alles, um für diese neue Beratungslinie gerüstet zu sein, denn Helmut F. war und ist, auch heute noch, ein hoch begabter IT-Spezialist! Ich habe bis dahin noch nie Jemanden gekannt, der technisch so versiert war, mit dem Kunden sehr gut umgehen, überzeugend präsentieren konnte und obendrein auch noch ein hervorragender Lehrer war.

Er war und ist bis heute ein Multitalent.

In diesem Beratungskonzept war natürlich auch so nebenbei Projekt-Management untergebracht, denn jeder, der so eine Aufgabe übernommen hatte, war vom ersten Kundenkontakt bis zur abschließenden Benutzerschulung und Übergabe immer der Ausführende und Verantwortliche für das Projekt.

Das war der Anfang der Projekte für die IT-Disziplinen „Problem- und Change-Management“ und der Beginn des späteren Projekt-Managements.

In diesem Beratungskonzept war alles dabei, was nach meiner Meinung ein Projekt-Manager gut können sollte und was für die meisten Projekte erforderlich ist:

- Vertriebsunterstützung
- Erster Auftritt beim Kunden
- Analyse der Aufgabe
- Präsentation der Analyse
- In Prozessschritten denken und Prozesse entwickeln
- Anwendungen, die benötigt werden, einbeziehen
- Fortschritts- und Kontroll-Meetings abhalten
- Durchführungsplanung
- Anwender- bzw. Kundenschulungen
- Planung der finanziellen Situation
- Dokumentation
- Abschluss des Projekts
- Nachkalkulation.

Diese Punkte begleiten mich noch heute durch alle Projekte.

Die Support-Einheit in der Nähe von New York

In dieser Zeit wurden auch immer wieder Spezialisten aus unterschiedlichen Ländern zusammengerufen, die in einer „Support“ Einheit Teams bildeten, um die Geschäftsstellen in den Ländern weltweit zu unterstützen.

Dieses Mal – es war im Jahr 1986 - ging es darum, eine Software zu verbessern, kundenfreundlicher zu gestalten, die das elektronische Dokumentieren und Bearbeiten von EDV-eigenen Problemen und auch Änderungen zum Ziel hatte.

Wie schon erwähnt, bekam ich die Chance, in die USA zu reisen, um dort in dieser „Support“ Einheit zu arbeiten.

Es war wirklich eine aufregende Zeit damals, als mich mein Manager Ernst G. auf dem Oktoberfest fragte: „Herr Breuer wollen Sie diese Aufgabe übernehmen?“ „Ja“, war meine spontane Antwort. Die Entscheidung war wirklich am Biertisch gefallen.

Eigentlich sollte unser Top-Berater Helmut F. dieses Angebot wahrnehmen, da er unumstritten der Bessere für so eine Tätigkeit war. Er war, wie schon erwähnt, auch mein Lehrer in allen Belangen rund um die Kunden-Beratung. Da er aus familiären Gründen nicht abkömmlich war, bekam ich den Zuschlag für diese herausfordernde Tätigkeit.

Es war eine sehr lehrreiche und interessante Zeit im Norden von New York. Es war eine Horizonterweiterung, es war ein Einlassen auf andere Kulturen, es war die Zeit, offen für Neues zu sein, zuzuhören und festzustellen, wie Kollegen aus anderen Ländern die Dinge sahen.

So war es auch sehr lehrreich, die „fremden“ Kollegen in der Freizeit zu erleben, mit all den Sprachproblemen, die jeder mit der Fremdsprache Englisch hatte oder mit dem „Slang“, den er mitbrachte.

Einer der Kollegen dieser zusammengestellten Gruppe war Pierre aus Paris. In diesen Tagen ereignete sich folgende Geschichte.

Eine lehrreiche und amüsante Episode

Ich war also in New York, dieser gigantischen Metropole, angekommen. Ab jetzt konnte ich nicht mehr mitsingen "Ich war noch niemals in New York..." Die Support-Einheit war ungefähr zwei Autostunden von Manhattan entfernt auf dem Lande, in einer kleinen, unscheinbaren Stadt am Hudson. Ich hatte einige Zeit benötigt, diesen ungewöhnlichen Namen fehlerfrei zu schreiben. Die Fahrt dorthin ging durch unberührte Wälder, weit weg vom hektischen New Yorker Stadtteil Manhattan.

Die internationale Unterstützungsgruppe bestand aus einem Kollegen aus Paris, einem aus Singapur und einem aus Melbourne. Eines Samstags fuhren wir, mein Kollege und Freund Pierre aus Paris und ich, mit dem Auto nach New York, in den aufregenden Stadtteil Manhattan.

Wir wurden von erfahrenen Kollegen vorher auf einige Dinge aufmerksam gemacht, die man in einer nicht ganz ungefährlichen Stadt wie dieser beachten sollte. So zum Beispiel: „Wenn Ihr glaubt, Euch verfahren zu haben, macht einen „U-Turn", also kehrt sofort um, zurück zum Ausgangspunkt, denn es könnte gefährlich werden". Der zweite Tipp war, „wenn an der ersten Ampel bei ROT ein Fensterputzer seine Dienste anbietet, bitte nicht das Fenster öffnen, nicht reagieren". Die „Windows Cleaner" erwarten nämlich ein Kleingeld für ihre Dienste.

Wir fuhren „well prepared" los, Pierre aus Paris saß am Steuer.

Nach zwei Stunden Fahrt durch endlos viele Wälder (oder war es nur ein Wald?) erreichten wir Manhattan und auch die erste rote Ampel. Nun war auch des Fensterputzers Zeit gekommen. Er erledigte seine Arbeit und klopfte an Pierres Autofenster, Pierre reagierte zunächst nicht, aber beim zweiten Klopfen öffnete er doch. Der Fensterputzer schrie, es war ja auch laut genug in den Strassen von NY, „I wanna Dime“, Pierre antwortete in „feinstem“ Englisch „It’s 10 minutes past 10 o’clock“.

Was Pierre nicht wusste, war, dass mit dem Wort „Dime“ nicht die Uhrzeit gemeint war, sondern ein 10 Cent-Stück.

Der Fensterputzer war so perplex, dass er von unserem Auto Abstand nahm, er verstand die Welt nicht mehr. Ich muss heute noch darüber lachen ob der internationalen Verständigung und deren Probleme.

Mein Freund Pierre sprach auch vom „Üdson“, und ich stellte nach einiger Zeit fest, er meinte den „Hudson River“.

Lange Zeit noch war ich mit meinem zum Freund gewordenen Kollegen Pierre in Verbindung, bis er leider verstarb.

An dieser Geschichte sieht man, dass es trotz einer gemeinsam erlernten Sprache, nämlich Englisch, in einem internationalen Team oft sprachliche Missverständnisse geben kann.

Fragen Sie bei für Sie unklaren Aussagen, z.B. in internationalen Meetings, immer wieder nach oder wiederholen Sie die Frage mit Ihren Worten. Durch falsche Aussprache oder Betonung kann der Sinn verändert werden. Ein „double check“ ist nie verkehrt.

3 Projekt-Manager – aber mit Herz

Die Aufgabe eines Projekt-Managers ist es, ein Projekt in guter Qualität, in einem definierten Kostenrahmen und im vorgegebenen Zeitrahmen zu vollenden.

Dieser Satz ist nicht wirklich neu, und doch verbirgt sich dahinter immer wieder eine neue, große Herausforderung:

Was ist wichtig?

Worauf kommt es an?

Worauf kam es mir in erster Line an?

3.1 Herz und Gefühl…

Ein Projekt-Manager ist in der Regel beschäftigt mit dem Organisieren, dem Planen und natürlich dem Managen. Das ist aber nur die „halbe Miete“.

Die andere Seite der „Medaille“ ist mindestens genau so wichtig. Es ist das **„Managen mit Herz und Gefühl“**. Diese Dinge werden selten in einem Fachbuch behandelt und doch ist diese Eigenschaft entscheidend und wichtig um erfolgreich zu managen!

Hauchen Sie Ihrem Team eine Seele ein mit …

Herz und Gefühl.

Je mehr Sie davon einsetzen können, umso besser kommen Sie voran. Das ist es, was ein Team formt. Das ist es, was ein Team leistungsfähiger macht.

Das Team steht hinter Ihnen, denn es ist Ihr Herz, auf das die Menschen ansprechen. Sie folgen Ihnen nicht, weil Sie intelligent sind oder ein sicheres Auftreten haben, sondern weil Sie das Team mögen, und das spüren die Menschen sehr schnell.

Schaffen Sie ein Klima, in dem aus Individuen ein Team entstehen kann. Lassen Sie das Team spüren, dass es gut ist, dass es Großes leisten kann und sagen Sie das bei jeder passenden Gelegenheit, erwähnen Sie das auch in den Team-Meetings – in ausgewogener Weise – es spornt an.

Herz und Gefühl in das Projekt bringen heißt:

- Freundlichkeit an den Tag legen, Ausstrahlung, Lächeln und auch mal Lachen
- auf Ihr gesamtes Auftreten zu achten
- ein gutes Klima aufbauen, das Duzen darf natürlich sein;
- mit Geradlinigkeit überzeugen
- Achtung gegenüber Jedem erbringen
- sich den Respekt der „Truppe“ jederzeit bewahren
- ein hohes menschliches Niveau im Team zu etablieren und aufrecht zu erhalten

Herz und Gefühl in das Projekt bringen heißt <u>nicht</u>:

- „He, Kumpel, hol mir ein Bier“
- Flapsigkeit und übertriebene Nähe
- schlechte Witze erzählen
- eine Unterhaltung unter der „Gürtellinie“ führen
- Witze über Frauen machen

Es ist sehr wichtig, dass Sie eine Respektsperson sind, oder werden und dies auch bleiben, aber mit Herz und Gefühl!

Die Worte „Herz und Gefühl“ sind nicht gleichbedeutend mit Weichheit oder Schwäche, denn zum Managen eines Projektes benötigen Sie neben diesen Eigenschaften auch Ihre eigene Stärke, Ihre Kraft!

Dieses Thema ist wichtiger als jedes Fachwissen. Davon werden Sie in den Projekten meistens genug vorfinden, aber Seele und Herz sind oft nicht vorhanden und deshalb wird es für diejenigen schwer sein, ein Projekt zu managen, die diese Eigenschaften nicht mitbringen. Projekte können dadurch leicht in Schieflage geraten.

Härte und Strenge bewirken Unsicherheit im Team.

Eine zu „kumpelhafte“ Einstellung ist ebenso verkehrt wie eine zu große Härte.

Diese Eigenschaften bewirken im Team bald eine fehlende Risikobereitschaft für neue Ideen, denn wenn Sie zum Ziel kommen wollen, brauchen Sie auch den Mut zur Veränderung im Team. Härte und Strenge bewirken auch mangelnden Informationsfluss zum Projekt-Manager, zu Ihnen, das ist aber ein wichtiger Teil Ihres „Früh-Warn-Systems“ **... und obendrein…**

wer zornig ist und schreit, hat entweder Angst oder er ist schwach und möchte diese Schwäche verbergen…

oder anders ausgedrückt …

… Zorn ist Angst oder ein Zeichen der Schwäche!

Wenn jemand in Ihrer Umgebung Zorn zeigt, so wäre zu ergründen, warum und weshalb diese Person Angst hat.

Kann man Herz, Gefühl, eigene Stärke erlernen?

Diese Frage taucht in diesem Buch immer wieder auf und ist immer zu beantworten mit:

„JA, aber .... nur bis zu einem bestimmten Grad.“

Sensitiv sein, offen sein, zuschauen, zuhören, sind gute Voraussetzungen dafür, dies alles zu lernen. Dabei sollten Sie sich immer wieder kontrollieren. Ein guter Weg ist, wiederholt über diese Dinge zu lesen. Ein guter Weg ist, darüber zu lesen und immer wieder darauf hingewiesen zu werden! Ein guter Weg ist es, sich kontrollieren zu wollen und interessiert zu sein!

Wenn das das Einzige sein sollte, was Sie aus diesem Buch mitnehmen, so hat es sich schon gelohnt, es zu lesen. Aus diesem Gedanken ergibt sich ein wichtiger Leitfaden fürs Projekt-Management.

3.2 Ein Leitfaden für Projekt-Manager

- Bleiben Sie immer neugierig. Objektivität und Offenheit sind wichtig, um das Bessere zu registrieren und in die eigene Arbeit integrieren zu können.

- Schärfen Sie Ihre Beobachtungsgabe. Wie gehen Kollegen Probleme an? Wie bewältigen andere ihre eigenen Probleme? Übernehmen Sie gute Ideen und „Know how" von erfahrenen Leuten.

- Bauen Sie alles, was Sie sehen und erleben und für gut befinden, in Ihr gesamtes Lebensbild und somit in Ihr Projekt-Management-Bild ein …
  … aber …

- Laufen Sie keinem „Guru" hinterher. Wenn doch, schauen Sie sich den sogenannten „Guru" genau an und übernehmen Sie nur das Gute, das, was in Ihr Gedankengut passt. Viele Menschen haben neben weniger guten Eigenschaften bemerkenswerte, positive Fähigkeiten, die Sie vielleicht in Ihre eigenen Arbeitsmethoden einbauen können.

- Registrieren Sie auch die negativen Dinge. Verteufeln Sie diese nicht sofort, sondern verwenden Sie diese, um sie von den positiven unterscheiden zu lernen, **denn …** es ist immer gut, auch zu wissen, wie man es nicht machen soll.

Ohne die negativen Dinge im Leben wüsste man nicht, was positiv ist.

- Wie sagte doch einmal ein weiser Mann: Jeder Mensch ist für irgendetwas gut, und sei es nur als abschreckendes Beispiel. So, so…

- Lernen Sie zuzuhören. Wenn Sie zuhören können, steigen Sie in der Achtung derer, die gerne reden – und Sie erfahren eine Menge über die Menschen, mit denen Sie zusammenarbeiten.

- Versuchen Sie nicht um jeden Preis, Ihre eigene Idee und Ihre Arbeitsweise umsetzen zu wollen, sondern wägen Sie ab, ob es einen besseren Weg gibt, eine bessere Idee, auch wenn diese Idee nicht von Ihnen stammt.

- Die Erreichung des Zieles ist wichtiger als die unbedingte Durchsetzung der eigenen Ideen.

- Seien Sie freundlich zu allen, denen Sie begegnen, die Sie in einem Projekt bei einem Kunden vorfinden. Auch der Pförtner ist es wert, dass man ihn beachtet.
  Nach 10 Jahren bekomme ich immer noch einen Parkplatz in einem Unternehmen, das sehr günstig in der Innenstadt liegt, um meine privaten Einkäufe zu tätigen, denn der Pförtner empfängt mich jedes Mal wie einen hohen Betriebsangehörigen, wenn er mich sieht.
  Ich habe ihm, ohne eine Gegenleistung zu erwarten, zu Weihnachten eine Flasche Wein geschenkt und einen Rebenwurzel-Korkenzieher! Sie können sich seine Freude sicher vorstellen, denn er hatte noch nie von einem Parkplatzbenutzer ein Geschenk erhalten.

- Beachten Sie alle, so werden auch Sie von allen beachtet.

- Lächeln Sie und die Welt öffnet sich. Das Projekt wird sich auch öffnen.

- Seien Sie hilfsbereit. Tun Sie auch etwas für jemanden, von dem Sie wahrscheinlich nichts zu erwarten haben. Es kommt von einer unverhofften Seite wieder zurück. Ich bin froh, diese hilfreiche Erfahrung gemacht zu haben.

- Legen Sie ein Augenmerk auf die gute/angemessene Behandlung der Projekt-Mitarbeiter (siehe Projekt-Team-Leitung).

- Lernen Sie, mit anderen so zu arbeiten, dass man Sie nach vielen Jahren immer noch zum Kaffee einladen will.

- Sagen Sie nie sofort **NEIN**, auch wenn Sie wissen, dass Ihr Gegenüber nicht recht hat. Geben Sie einem Projekt-Mitglied oder Kundenmitarbeiter, aber auch jedem anderen Mitmenschen, niemals als erstes ein hartes NEIN, oder ein abweisendes, überhebliches NEIN, wie z.B. „NEIN, das machen wir so“, oder, „Nein, das ist ganz anders“. Dieses **„Nein“** wird ihr Gegenüber mehr oder weniger verletzen. Ein NEIN sagt aus, ich weiß es besser als der andere, ich sage Dir, wo's lang geht.
  Sie könnten es auch anders, positiv ausdrücken…

- **Antworten Sie mit,**
  „Ich bin sicher, dass…“, oder
  „Ich glaube…“ oder…
  „Ich kann mir vorstellen, dass…“ oder noch besser, benutzen Sie das WIR.
  „Wir könnten das mal von dieser Seite aus betrachten“.
  Alles ist besser als ein kategorisches NEIN zu Beginn.

- Alles, was Sie in der Arbeit als Projekt-Manager weiterbringt, ist auch gut für Ihre persönliche Weiterentwicklung.

- Wenn Sie ein Problem haben, egal welcher Art, **reden Sie darüber.** Sie erreichen Klarheit über ein Problem alleine dadurch, wenn Sie es aussprechen. Sie hören sich selbst! So kommen sicherlich auch von anderer Seite Vorschläge, brauchbare, unsinnige oder verrückte Vorschläge, die Ihre Gedanken etwas durcheinander bringen können, und so sind Sie automatisch gezwungen über die Situation erneut nachzudenken und Sie werden feststellen, dass Sie plötzlich alternative Lösungswege finden.

- Versuchen Sie auch Ihre Mitarbeiter dazu zu bewegen, ihre Probleme verbal zu äußern, einfach auszusprechen. Die Grundvoraussetzung ist natürlich, dass Sie zuhören können.

Probleme sehen - eine weitere Episode

Ein Top-Manager unserer Firma beeindruckte mich nicht nur wegen seines klaren Verstandes und seiner zutreffenden Visionen, sondern auch durch eine Begebenheit in unserem Münchener „Branch Office“.

Er ging durchs Büro und sah über einer Eingangstüre eine Uhr, die stehen geblieben war. Auf die Frage, wer sich darum kümmere, war „Schweigen im Walde“.

Er wollte uns sicher sagen, schaut mal hin, das ist auch ein Teil unseres Unternehmens, ein Teil, das nicht in Ordnung ist. Jedes Teil, sei es auch noch so klein, ist wert beachtet und wieder in Ordnung gebracht zu werden, es ist ein Teil des Ganzen. Er wollte unsere Sinne schärfen.

Jeder hatte die Uhr gesehen, jeder sah, dass sie stehen geblieben war, aber keiner hatte es gelernt, auf Dinge zu schauen, die der Allgemeinheit dienen, quasi, „ich hab ja eine Uhr“, oder „interessiert mich nicht“.

Die Lehre daraus war für mich: Jeder sollte, wenn er ein Problem erkennt, sich fragen, ob er dazu beitragen kann, dieses zu lösen. „Es ist vielleicht nicht mein Problem, aber es ist ein Beitrag für die Allgemeinheit und ein Beitrag für die Qualität eines Unternehmens.“

Sagen Sie nicht, es wird schon irgendjemand machen oder es ist nicht mein Problem.

Sich der Probleme, die man sieht, anzunehmen, das würde helfen, unser Leben ein wenig erträglicher zu machen. Sehen, was nicht in Ordnung ist und es zu seinem eigenen Problem machen, das wäre ein Dienst an der Allgemeinheit.

3.3 Das eigene Auftreten

Die Kleidung

Zum eigenen Auftreten gehört auch die Kleidung, es ist der erste Eindruck, den Sie hinterlassen. Bekennen Sie „Farbe“ mit Ihrer Kleidung. Das heißt, geben Sie acht, wie Sie sich kleiden, denn wenn man sich gut kleidet, fühlt man sich gut und zeigt seiner Umgebung, dass man sie und den Anlass respektiert.

Sie zeigen Ihrem Kunden, dass er Ihnen etwas „wert“ ist, Ihr Kunde ist Ihnen nicht gleichgültig.

Mit guter Kleidung zeigt man seine Wertschätzung gegenüber dem Kunden, dem Projekt, oder in einer privaten Situation gegenüber dem Gastgeber.

Denken Sie an folgende Situation: Sie haben ein erstes „Date“ mit einer Person, die Sie sehr interessiert, vielleicht eine neue Liebe? Wie würden Sie da hingehen? Ungepflegt? Dreckige Jeans? Nein, Sie wollen einen guten Eindruck machen und Sie wollen sich gut fühlen! Ein neues Projekt ist wie eine neue Liebe! Es ist spannend, herausfordernd und immer wieder prickelnd!

Als Mann tragen Sie eine Krawatte, das hebt hervor, das ist chic, das kleidet, es sei denn, in dem Unternehmen, in dem Sie tätig sind, sind alle so leger eingestellt, dass es auffallen würde, wenn Sie als einziger eine Krawatte tragen würden. Wenn dem so ist, können Sie die Krawatte nach kurzer Zeit weglassen, sollten aber trotzdem schicke Kleidung bevorzugen.

Ziehen Sie sich etwas kontrastreich an, aber natürlich nicht zu auffallend. Seien Sie vorsichtig mit dem Grau in Grau, grauer Anzug, graues Hemd, graue Krawatte. Für ein Grau, Ton in Ton, benötigen Sie sehr viel Geschmack.

Ich habe externe Berater erlebt, die „Grau in Grau" angezogen waren, deren Auftreten war leider ebenso GRAU.

Für mich heißt gute Kleidung ...

- Ich hebe mich ab vom durchschnittlichen Kundenberater mit meiner Kleidung, mit meiner Kundeneinstellung, mit meiner Achtung dem Kunden gegenüber.
- Ich bin korrekt gekleidet heißt auch: Ich bin korrekt, ich bin berechenbar, ich bin sichtbar.
- Gute Kleidung stärkt stets <u>mein</u> Selbstbewusstsein - probieren Sie es aus!

Wenn es galt, einen Kundenworkshop zu halten, der über vier Tage ging, habe ich mich an schwierigen Tagen besonders elegant in dunkelblauem Nadelstreifen-Anzug und Krawatte gekleidet. Ich hatte dann das Gefühl, mehr Kraft zu haben, mehr Überzeugungskraft, mehr Elan.

Die positive Ausstrahlung

Verbannen Sie negative Gedanken. Positive Gedanken können positiv verändern, andauernd negative Gedanken zerstören.

Wenn etwas Negatives im Projekt auf Sie zukommt, schauen Sie sich das Ganze erst an, bevor Sie antworten, bevor Sie urteilen. Alles Negative hat auch ein wenig Positives in sich, es rentiert sich, danach zu suchen. Durch dieses Vorgehen können auch neue Gedanken entstehen.

Wenn negative Gedanken kommen, denken Sie nochmals nach. Wandeln Sie negative in positive Gedanken um.

Wenn zum Beispiel ein Mitarbeiter auf Sie zukommt und Negatives über einen Kollegen oder den Kunden zum Besten gibt, so blasen Sie nicht in dasselbe Horn, auch wenn der Kollege recht hat. Versuchen Sie, das Positive in der Geschichte zu sehen, oder schwächen Sie das Thema ab mit den Worten, „ich ´verstehe Ihre Sichtweise, aber betrachten wir das mal von der Seite…“

Positive Gedanken motivieren!

Urteilen - verurteilen

Vermeiden Sie negative Urteile über Ihre Mitmenschen vor anderen Personen. Vermeiden Sie auf jeden Fall ein negatives Urteil über Kundenmitarbeiter, gleichgültig, wer Ihnen gegenüber steht. Verurteilen Sie niemals jemanden. Ich weiß, das ist schwer, aber es wird Sie einen großen Schritt voran bringen. Versuchen Sie stattdessen, die positiven Fähigkeiten des anderen zu ergründen, denn die gibt es sicher. Versuchen Sie gerade diese Fähigkeiten herauszufinden; es ist Ihre Aufgabe als Projekt-Manager, die positiven Fähigkeiten der Mitarbeiterinnen und Mitarbeiter zu ergründen und in der für sie besten Position im Projekt einzusetzen.

Negatives Urteilen vor anderen auszusprechen, gehört bestimmt **nicht** zu Ihren Aufgaben.

Lächeln, Freundlichkeit, Augenkontakt

Wann immer es geht: Lächeln Sie, damit erzeugen Sie in dem anderen schon mal eine positive Stimmung und… sobald Sie lächeln, die Mundwinkel nach oben ziehen, wird Ihr Gemüt, Ihre Seele auch mit nach oben gezogen. Lächeln ist eine sehr positive und nützliche Sache für den anderen und auch für Sie selbst.

Die Körperhaltung

Auch dieses Thema ist es wert, angesprochen zu werden. Es hat zu tun mit der eigenen Erscheinung, mit dem Erscheinungsbild.

Gehen Sie aufrecht, stehen Sie gerade. Gehen Sie oder stehen Sie nicht mit hängenden Schultern und hängendem Kopf.

Aufrecht macht erstens selbstbewusster, und zweitens verbessert sich das Erscheinungsbild beim Kunden. Nebenbei dient es auch Ihrer Gesundheit.

Aufrecht heißt aufrichtig!

3.4 Das „Standing“ - Ihre persönliche Stärke

Hier stehe ich und ich weiß, was ich kann!

Das „Standing“, Ihre ganz eigene persönliche Stärke, ist ein ebenso wichtiger Punkt wie das Thema – „Herz und Gefühl“. Sie benötigen, wie schon erwähnt, alle drei Dinge.

Das ***Trio*** kann sehr gut nebeneinander gelebt werden, es sollte auch unbedingt miteinander gelebt werden. Mit Herz dabei zu sein und Stärke zu zeigen, schließen sich auf gar keinen Fall aus. Es ist die Kunst, beides in Symbiose zu leben, im Projekt wie im Leben.

Der Kunde, auch die Mitarbeiter spüren, ob sie innerlich stark und gefestigt sind. Beobachten Sie einmal sich selbst: Wenn Sie jemandem gegenüber stehen, spüren Sie, wer mental der Stärkere ist? Ja, ganz sicher. Sie spüren es, wenn Sie sich darauf konzentrieren.

Das „Standing“ spielt eine große Rolle, wenn man sich begegnet.

Sogar beim Händeschütteln, eine verbreitete Angewohnheit in Europa, erfahren Sie oder ihr Gegenüber einiges über die Charakterstärke und die Vitalität des anderen. Es ist wichtig, einen kräftigen Händedruck zu haben, aber es ist auch wichtig, den Händedruck mit Gefühl auszuführen.

Achten Sie darauf, niemanden die Hand zu „zerquetschen"!

Und schauen Sie dem Gegenüber in die Augen. Machen Sie auf keinen Fall einen Diener, Sie verlieren so den Augenkontakt und das kann Schwäche vermitteln. Diese Gepflogenheit überlassen wir den Asiaten und Königshäusern!

Zum letzten Satz habe ich leider keine Erfahrungen zu vermitteln.

Kein schwaches Auftreten, aber auch keine Überheblichkeit!

Zu sicheres Auftreten bei geringem Fachwissen, zu einer bestimmten Frage ist in der heutigen IT-Welt selten hilfreich, denn mittlerweile ist das Kundenwissen, verteilt auf mehrere Personen und Abteilungen, oft höher als Ihr eigenes Berater-Wissen.

„Sicheres Auftreten bei völliger Ahnungslosigkeit" ist ein geflügeltes Wort hinter vorgehaltener Hand, wenn jemand zu überheblich auftritt und obendrein wenig Wissen hat.

Man erwartet natürlich, dass Sie Wissen mitbringen, dafür hat man Sie ja geholt. Vermeiden Sie aber „Halb-Wissen" weiterzugeben. Wenn Sie unsicher sind, sagen Sie lieber: „Nach meinem Kenntnisstand … ist das so, verhält sich das so…"

Sagen Sie es aber auch, wenn Sie etwas nicht wissen!

„Ich bin mir zu diesem Thema nicht sicher, werde mich aber schlau machen."

„Ich werde mich einlesen."

„Ich hole mir die nötigen Informationen bis zum …"

Diese Sätze akzeptiert der Kunde, da er weiß, dass in der heutigen Zeit niemand alles wissen kann.

Eine nachdenkliche Begebenheit hierzu...

Ein Kundenmitarbeiter und ich waren auf der Rückreise mit dem Flugzeug. Beim Landeanflug sahen wir beim Blick aus dem Fenster ein Kraftwerk auftauchen. Mein Kundenkollege sagte, „das ist das Kraftwerk von Zolling“, ich antwortete mit einem zu bestimmten Unterton, „das ist doch das Kraftwerk von Ohu“. Darauf erwiderte der Kundenmitarbeiter, „Ihr Berater müsst doch alles besser wissen“. Es war das Kraftwerk von Zolling und ich war zerknirscht ob meines unangemessenen Auftretens.

Aus diesem Erlebnis habe ich schmerzlich etwas dazu gelernt.

3.5 Information und Kommunikation

Gute Kommunikation und regelmäßiger Austausch von Informationen sind ein wesentlicher Bestandteil, um ein Projekt-Ziel zu erreichen.

Kommunizieren ist ein wichtiger Teil des Risiko-Managements. Kommunizieren bedeutet nicht nur Informationen weiterzugeben, sondern heißt auch sich Informationen zu holen!

In Projekten müssen ständig Informationen eingeholt und angemessen an die Mitarbeiter weitergegeben werden.

In diesem Zusammenhang erscheinen mir folgende Punkte wichtig.

- Mit dem Abhalten von regelmäßigen Meetings geben Sie in erster Linie Informationen an das Team und bekommen in der Diskussion andere, wichtige Infos von den Teilnehmern zurück.
  Im **Kapitel 6.3** werde ich näher darauf ein.

- In Gesprächen mit jedem einzelnen Projekt-Mitarbeiter erhalten Sie weitere wertvolle Informationen. Jedes Gespräch trägt dazu bei, das Projekt-Risiko zu minimieren.

- Widmen Sie, so weit es geht, jedem Mitarbeiter jeden Morgen eine Minute Aufmerksamkeit. Lassen Sie ihn eine kurze Zeit spüren, dass er jetzt in diesem Augenblick der wichtigste Mensch für Sie ist.

- Die Kommunikation per E-Mail ist unerlässlich, da man damit auch Fakten gut dokumentieren kann. Wenn Sie jedoch vermuten, dass eine E-Mail einen Dialog starten könnte, so ziehen Sie das Telefonieren vor, denn mit einem Telefonat können Sie einen Sachverhalt viel schneller klären als per E-Mail. Beim Zuhören erkennen Sie aufkommende Emotionen und können darauf reagieren.

- Achten Sie beim Informationsaustausch auf die Qualität Ihrer E-Mails. Senden Sie keine E-Mail, ohne es vorher nochmals durchzulesen. Eine korrekt geschriebene Mail erhöht Ihre persönliche Qualität und erhöht die Achtung bei den Kollegen.

- Haben Sie den Anhang vergessen? Vor dem „SEND“ noch eine Sekunde innehalten und eine Prüfung auf Vollständigkeit vornehmen. Auch das ist Qualität! Es spart dem Anderen Zeit, danach zu fragen, und Sie verhindern, dass Ihre E-Mail belächelt wird!

- Überlegen Sie sich auch ganz genau wenn Sie auf Kopie Ihrer E-Mail setzen. Diese Unart kann Ihren Mitarbeitern viel Zeit kosten und Ihrem Auftraggeber das Geld aus der Tasche ziehen. Der Nutzen ist oft nicht erkennbar.

Eine Geschichte zum Thema Kommunikation

Wien - und mein Frühstücks-Tee

Und wieder einmal ging ich auf Reisen, nach Wien. Ich sollte eine Produktschulung durchführen. Dieses Produkt, diese Anwendung „INFO/Management“ für die Bearbeitung von IT-Problemen und Änderungen führte mich in die Stadt der Kaffeehäuser. Eine Versicherung engagierte mich während meiner Zeit bei besagtem Computer-Unternehmen. Ich war in einem guten Hotel in der Innenstadt untergekommen und ging in einem wunderschönen, alten, ehrwürdigen Raum zum Frühstück. Nach kurzer Zeit wurde ich nach meinem Getränkewunsch befragt, ich antwortete TEE, die junge Dame ging und drehte sich nach einigen Schritten wieder um, um noch mal zu fragen, „Wollten Sie Kaffee oder Tee?“ Ich antwortete „Tee“, klar, man kann ja mal unkonzentriert sein. Die nette Frühstücksdame war noch nicht an der Tür der Küche angekommen, hinter der ich die heißen Getränke vermutete, da drehte sie wieder um und kam erneut zurück mit der Frage „Verzeihung, wollten Sie Kaffee oder Tee?“. Wiederum bestätigte ich ihr „Tee“. Daraufhin war sie durch die besagte Tür verschwunden, ich war erleichtert. Nach 2 Minuten kam sie wieder heraus und ich war in der frohen Erwartung auf meinen Wiener Tee. Sie hatte ihn noch nicht dabei, aber die Frage „Verzeihung, wollten Sie Kaffee oder Tee?“. Da mir meine Mitmenschen doch immer wieder bestätigen, ich sei ein sehr geduldiger Mensch, antwortete ich mit einem Lächeln „Tee“. Nach weiteren 3 Minuten bekam ich das heiße Getränk – es war Kaffee.

Da mir nicht zum Weinen war, musste ich innerlich lachen.

Ich lächelte die Dame an, fragte sie höflich, ob man in Wien, der Stadt der Kaffeehäuser keinen Tee bestellen kann. Sie fragte erstaunt zurück. „Wieso“?

Nach dem Mondkalender war es sicher ein guter Tag für Kaffee.

Dieses Erlebnis zeigt mir aber auch, wie wichtig es ist, immer konzentriert zu sein, zu lernen, sich immer auf den momentanen Augenblick einzustellen. In dieser hektischen Zeit versuchen wir - ich ertappe mich auch immer wieder dabei - meistens schon wieder an das Nächste zu denken und versäumen das wichtige „JETZT“.

3.6 Das eigenes Früh-Warn-System

… im Kontext zu Risiko-Management

Allgemeines

Risiko-Management heißt, Probleme sehr früh zu erkennen und angemessen darauf zu reagieren, um so das Projekt-Risiko zu minimieren.

Risiko Management sehe ich unter dem Aspekt der Früherkennung von Situationen, die zu einem Problem werden können.

In großen Projekten wird ein systematisches sogenanntes "Proaktives Risiko-Management" mit einem festgelegten Prozess eingesetzt. Mit diesem Prozess wird gemessen, werden Entscheidungen gefällt und Maßnahmen beschlossen. In mittleren und kleinen Projekten ist der Aufwand für diese Steuerungsprozesse zu hoch.

In großen wie in kleinen Projekten ist es, unabhängig eventueller Prozesse, sehr wichtig, sich ein eigenes, inneres, mentales Früh-Warn-System zurechtzulegen, zu entwickeln und zu trainieren.

Ihr eigenes Früh-Warn-System ist ein intuitives Risiko-Management.

Ein inneres Früh-Warn-System soll Sie so rechtzeitig und frühzeitig vor aufkommenden Problemen im Projekt warnen, dass Sie noch eingreifen können, bevor die Ereignisse zu echten Problemen und somit zu einem Projekt-Risiko werden und als Folge davon eine Management-Eskalation ausgelöst werden kann.

Rechtzeitig erkannte Probleme beim Management zu melden, ist das Gebot in einem Projekt. Damit agieren Sie im Sinne des Managements. So müssen Sie nicht reagieren und geraten nicht in eine unangenehme Situation. Sie kommen nicht so leicht in die Schusslinie, entschärfen die Situation frühzeitig und vermeiden die Eskalationen, die meist von anderer Stelle ausgelöst werden.

Sehr wichtig: Eskalationen, die von Ihnen eingeleitet werden, werfen kein negatives Licht auf Sie. Es beweist, dass Sie Risiko-Management beherrschen.

Ein gutes, trainiertes Früh-Warn-System kann aber nur funktionieren, wenn das Team Vertrauen hat zum Projekt-Manager. Es darf im Laufe des Projekts auf keinen Fall Unsicherheit oder sogar ein Klima der Angst aufgebaut werden, Offenheit ist Trumpf.

Geben Sie Ihrem Team Sicherheit, das schafft Motivation für Neues, das fördert Kommunikation, das minimiert das Projekt-Risiko.

Schaffen Sie immer ein gutes Projekt-Team-Klima, mit Herz und Gefühl und Ihrer eigenen, persönlichen Stärke!

Wie können Sie Ihr Früh-Warn-System trainieren?

Aus meiner Praxis:

- Gehen Sie mit Teammitgliedern zum Kaffee, zum Mittagessen, so oft es geht. In einer entspannten Atmosphäre kommen verdrängte oder für Projekt-Mitglieder scheinbar unwichtige Dinge zum Vorschein.

- Gesellen Sie sich auch mal zu den Rauchern. Ich bin Nichtraucher, aber der Raucherbereich ist die Kommunikationszentrale Nummer 1! Die Raucher sind in der Rauchpause entspannt und plaudern über Privates, aber auch sehr viel über die Arbeitsprobleme.

Hören Sie gut zu, aber horchen Sie die Leute nicht aus!

- Lassen Sie sich immer wieder von Projekt-Mitgliedern „unter vier Augen“ erklären, wo sie mit ihrer Arbeit stehen, wie sie was lösen wollen, auch wenn Sie nicht alles im Detail verstehen. Allein durch die Tatsache, dass die Dame oder der Herr es Ihnen erklärt, fallen Ihnen Probleme oder Ungereimtheiten auf und/oder es entstehen neue kreative Gedanken. „Ah, ja…stimmt!“

- Begrüßen Sie Ihre Projekt-Mitarbeiterinnen und Mitarbeiter soweit dies geht, jeden Morgen persönlich. Schenken Sie jedem, wie in **Kapitel 5** beschrieben, einige Sekunden Ihrer Aufmerksamkeit.
  Fragen Sie nach: „Wie geht es Dir/Ihnen?“ Sind Sie sich aber dessen bewusst, dass Sie auf diese Frage, privat wie beruflich, immer bis zu zehn Minuten für eine evtl. längere Antwort des Gegenüber einplanen sollten. Die Frage sollte immer ehrlich „rüber kommen“ und nicht als Floskel verstanden werden.
  Ein wichtiger Punkt für Ihr Früh-Warn-System!

- …und wenn Sie jemandem die Hand geben, versuchen Sie dabei Zeit nicht schon zum nächsten Gesprächspartner zu schauen, damit signalisieren Sie Desinteresse, und die Begrüßung wird zur Farce.

- Lernen Sie das Zuhören!
  Wenn Sie zuhören, bekommen Sie oft zufällig Informationen über Gegebenheiten und kleine Probleme, die für den einzelnen Projekt-Mitarbeiter nicht wichtig erscheinen, denn sie sind aus dessen Sicht kein Problem, sind es ja nicht wert, an den Projekt-Manager weiter gegeben zu werden.

Nun ist es Ihre Aufgabe, die anscheinend unwichtigen Informationen in das große, gesamte Projekt-Geschehen intuitiv einzufügen, um daraus Probleme und Risiken in einer sehr frühen Phase zu erkennen.

…und vielleicht taucht wieder die Frage auf –

Kann man das lernen oder gelingt das nur, wenn man begabt ist?

Ja, man kann das erlernen, wenn auch nur bis zu einem bestimmten Grad.

Wichtig für Sie ist zu wissen, dass Sie das dringend benötigen. So werden Sie auf all diese Dinge besser achten und immer wieder trainieren.

Es erscheint mir wichtig, diesen Punkt hervorzuheben, um Ihre Sinne dafür zu schärfen, damit Sie Ihr Früh-Warn-System so gut wie möglich ausbauen können.

Im **Kapitel 10** habe ich ein Beispiel aufgeführt, um den Unterschied zwischen den beiden Faktoren nachzulesen. Auch wenn die Begabung in manchen Dingen nicht so hoch ist, mit Interesse und Lernen kann man viel ausgleichen und liegt mit seinen Ergebnissen schon über dem Durchschnitt.

Wo habe ich mir das eine oder andere abgeschaut?

Von unserem ehemaligen TA-Direktor, einem sogenannten „Third Liner“, einem Manager der dritten Führungsebene.

Er hat es sich nicht nehmen lassen, mit seinen „Indianern“ ab und zu in der Kantine zu Mittag zu essen. Er gesellte sich zu uns Technikern, um mit uns zu plaudern. Da kam immer wieder das eine oder andere Problem spontan zum „Vorschein“, da die Atmosphäre beim Essen sehr entspannt war. So war er sehr gut im Bilde, wie es an der „Front“ aussah. Er bekam ungefilterte Informationen und erfuhr Dinge auf direktem Wege, die die Mannschaft bedrückten oder auch erfreuten. Sehr positiv und motivierend war für uns Techniker auch, dass ein Direktor uns wahrnahm und sich die Zeit nahm mit uns zu essen, um uns auf diese Weise aufzuwerten. Wir waren ihm wichtig!
Das hat mich sehr beeindruckt!

Von unserem ehemaligen Geschäftsstellen-Leiter Franz S.

Die Begrüßung am Morgen habe ich mir von meinem damaligen höheren Vorgesetzten abgeschaut, es hat mir sehr imponiert. Der Händedruck am Morgen anlässlich seiner Begrüßungsrunde tat mir gut, er beachtete mich einige Sekunden und fragte, wie es mir gehe. Weiter beeindruckte mich, dass er bei der Antwort „nicht so toll“ sich die Zeit nahm nachzufragen, wo das Problem lag. Er nahm das Problem auf und kümmerte sich darum. Er war nie schlecht gelaunt, er nahm seine Leute wahr und er schaffte es, der Geschäftsstelle eine „Seele“ zu geben, „einzuhauchen“.

Für manche Leute mag er ob seiner Penetranz, Problemen nachzugehen, vielleicht unbequem gewesen zu sein, in meinen Augen war er außergewöhnlich und für mich auch nachahmungswürdig, um nicht zu sagen - „outstanding“. Erstmalig registrierte ich bei einem Manager eine so ausgeprägte, mentale persönliche Stärke.

Eine Umsetzung des Erlebten aus meinem Projekt-Leben.

Als ich die Begrüßung am Morgen bei einem Projekt zum ersten Mal durchführte, sagte ein Mitarbeiter: „Helmut, das finde ich super, so etwas hat noch keiner vorher gemacht".

Ich habe die Mitarbeiter damit motiviert, habe ihr Selbstwertgefühl gesteigert, habe ihnen Beachtung geschenkt und habe so versucht, die „Seele" des Projekts zu verbessern. Ich versuchte immer wieder den Mitarbeitern zu zeigen, dass sie für mich wertvoll sind. Ich spürte, sie haben jeden Morgen auf diese Geste gewartet.

Zusätzlich habe ich mein Früh-Warn-System um einen Horchposten erweitert.

3.7 Projekt-Management versus Architekten und Fachleute

Fachwissen und Projekt-Management

Das Problem, das projektverantwortliche Manager sehr oft haben, ist Projekt-Manager zu finden, die Projekte zu einem guten Ende bringen können. Dagegen ist es leichter, die geeigneten Fachleute und Spezialisten für ein Projekt an „Bord" zu bekommen.

Ein leitender, verantwortlicher Manager möchte sich auf seinen Projekt-Manager soweit verlassen können, dass dieser die Projekt-Aufgabe voll übernimmt und nur dann auf ihn wieder zukommt, wenn er Probleme hat oder das Projekt beendet ist.

Dieser Personenkreis erwartet die vollständige Übernahme der übertragenen Aufgabe. Er möchte es aus dem „Kopf" haben.

Eine Geschichte zum Thema

HPM ist ein Namenskürzel, HPM war einer meiner Manager bei der Firma mit den drei Buchstaben. Eines Tages ging ich zügig an seiner Tür vorbei, denn seine Tür war offen, man weiß ja nie... Anscheinend war ich zu langsam.

„HALT“, rief er aus seinem Büro, ich stoppte, er rief, „Jetzt weiß ich, wer das macht“. „Wer? Was?“ war meine sofortige Reaktion.

Als ich ihm schließlich gegenüber saß, sagte er mir, „Ich habe lange nach einer passenden Person für eine Aufgabe gesucht, und intuitiv lief die Person gerade an meiner Türe vorbei“.

„Ich brauche einen Projekt-Manager für ein Netzwerk-Projekt in Rumänien“, war seine weitere Erklärung. Darauf habe ich spontan und flapsig geantwortet, „Da bin ich ja der Richtige, ich habe keine Ahnung von Netzwerken, ich bin spezialisiert auf Problem- und Change-Management“. Seine Antwort war, er habe genügend sehr gute Fachleute, aber er bräuchte jemanden, der das Projekt durchzieht und erfolgreich beendet, denn es war „Neuland“, das wir betreten sollten, und es war der erste Auftrag eines neuen Kunden.

Ich sagte „OK, das mache ich“, denn ich spürte, mein Manager brauchte Hilfe, und wie gesagt, das mit dem Helfen zieht sich halt mal durch mein Leben.

Es war ein unglaublich interessantes Projekt, ein Lokales Netzwerk (LAN) aufzubauen in einem Fabrikgebäude in Rumänien, mit Satelliten-„Link“ nach Bayern. Ich lernte das Notwendige über Netzwerke, gerade soviel wie ich zum Managen benötigte, die Spezialisten waren zur Stelle, und so war mein Hauptaugenmerk auf die Koordination gerichtet, auf den Geist im Team, auf das internationale Miteinander.

Das Ziel im Auge, die Mannschaft und den Kunden ebenso im Fokus, Herz und Gefühl, Verständnis für die Probleme in einem fremden Land, all das war dabei, und so wurde es ein erfolgreiches Projekt!

Daraus leitet sich die Erkenntnis ab:

Fachwissen und Projekt-Management sind „zwei Paar Stiefel“ und müssen auf verschiedenen Ebenen, aber unter dem Dach der Projekt-Koordination realisiert werden.

Fachwissen und Architektur

Das Thema Fachwissen möchte ich nicht abschließen, ohne den Architektur-Bereich zu erwähnen.

Was Ihnen als Projekt-Manager Probleme bereiten könnte, sind die Themen „Konzepte“ und „Architektur“. Personen, die dieses Thema abdecken können, sind oft schwer zu finden. Es kostet Mühe, Kraft und Zeit, diese Person ausfindig zu machen. Es bedarf oft auch einiger Überzeugung beim leitenden Management, dass man diesen Fachbereich unbedingt abdecken muss.

In der Praxis haben sich immer wieder Spezialisten hervorgetan, die versucht haben, Konzepte zu erstellen, oder sie wollten den „Job“ des Architekten gerne haben und ausfüllen. Dies scheiterte meistens daran, dass der Spezialist die tiefe technische Denkweise nicht verlassen konnte.

...und dann haben Sie einen Architekten gefunden, der konzeptionell denken kann, der visualisieren und präsentieren kann, der das Projekt-Konzept auch in das Unternehmenskonzept einfügen kann...

...dann kann es sein, dass das Unternehmensmanagement diese Fähigkeiten auch entdeckt und diesen „Konzeptionär“ in diverse Meetings entführt sowie ihm andere, vielleicht höhere Aufgaben anvertraut...

...dann haben Sie wieder ein Problem. Der Architekt hat nicht mehr die Zeit, die Spezialisten konzeptionell zu führen. So haben Sie wieder die Aufgabe, einen Architekten zu suchen oder aus den

Projekt-Reihen einen zu rekrutieren, denn Sie benötigen dringend einen „Sparringpartner“ für die Fachleute, Spezialisten oder Entwickler. Sie brauchen einen sogenannten „Innenarchitekten“, einen, der wieder mehr auf die technische Architektur schaut. Achten Sie nun aber darauf, dass sich die beiden Architekten auch oft genug treffen, um ein abgestimmtes Vorgehen zu gewährleisten.

Es ist für Sie als Projekt-Manager sehr wichtig, das Vorgehen des Architekten immer wieder zu prüfen und zu hinterfragen:

- Hat er den geeigneten, globalen Überblick?
- Kann er gut visualisieren? (**Kapitel 7**)
- Kann er mit den Spezialisten kommunizieren?
- Überlässt er die Realisierung technischer Probleme den Spezialisten? Nur so kann er seine Zeit optimal für die Architektur nutzen.

Haben Sie darauf ein besonderes Augenmerk!

Architekten und der Bauplan

Wie wir alle wissen, gibt es Architekten, die Häuser, Brücken und vieles mehr bauen. Diese Berufsgruppe ist verpflichtet, den zuständigen Behörden einen Bauplan vorzulegen, bevor eine Baugenehmigung erteilt wird und bevor der Baumeister seine Arbeit beginnen kann. **Das ist gut so!**

Architekten in unserer IT-Branche, haben diesen Zwang nicht! Das hat den Effekt, dass sie neben einem guten Fachwissen und guter Ideen leider nicht immer einen vernünftigen Bauplan zu Papier bringen.

Ein Bauplan ist für den „Baumeister“ wichtig, für den Projekt-Manager und für alle Beteiligten. Wenn wieder einmal jemand einen neuen „Balkon“ verlangt, können der Architekt und die Fachleute sehr schnell feststellen, ob dieser Zusatz das „Gebäude“ zum „Einsturz“ bringt oder die „Standfestigkeit“ gefährdet.

Der folgende Bauplan erläutert das Zusammenspiel von Software-Komponenten und Anwendungen in einer IT-Umgebung.
Hier geht es um eine Basisanwendung eines Softwareherstellers für die Prozesse „Problem-, Change- und Inventory-Management“ und der korrespondierenden Kunden-Anwendungen.

So ein Schema, egal in welcher Ausführung, sollte sich jeder IT-Architekt zur Pflicht machen!

In diesem Falle habe ich, wie so oft, „Pinsel und Farbe“ in die Hand genommen und mit der Visualisierung begonnen, bis das „Bild“ fertig war. Ich habe diesen Bauplan selbst benötigt, um zu wissen, wie das „Haus“ ausschauen soll, wenn es einmal fertig ist und wo ich mich bewegen kann und muss.

Prozess- und Anwendungs-Bauplan für eine „Problem-Change-Inventory" Architektur

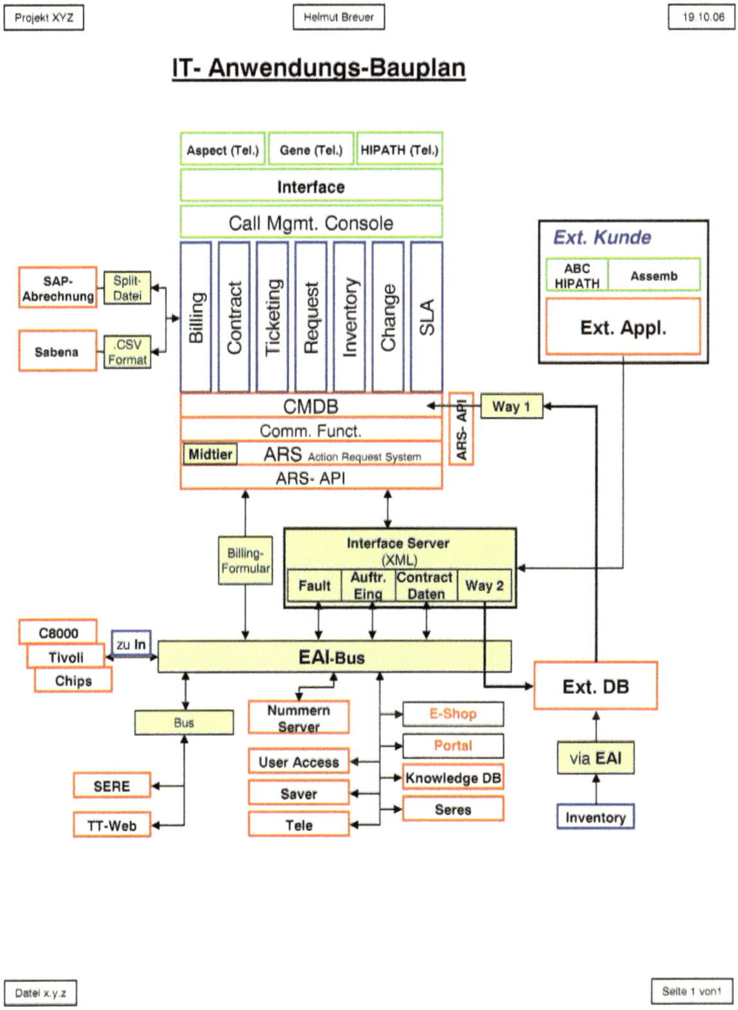

Vorteile eines externen Projekt-Managers

Ich möchte dieses Kapitel hier einfügen, um Ihnen als leitender Manager Argumente zu liefern oder die Anregung zu geben, über Argumente nachzudenken, wenn es darum geht, einen externen Projekt-Manager einzusetzen, oder wenn Sie externer Berater sind und sich ins rechte Licht rücken möchten.

Warum ist ein externer Projekt-Manager ein Gewinn für ein Projekt?

Die Vorteile eines externen Projekt-Managers sehe ich folgendermaßen:

- Er gehört nicht zum *internen Netzwerk* des Unternehmens, für das er das Projekt leiten soll und ist somit freier in seinem Handeln und seinen Empfehlungen.
- Er hat keinen Grund, Angst vor einem Karriere-Knick zu haben.
- Er kann besondere, für einen internen Mitarbeiter nicht zugängliche Informationen einfordern, weil er nicht der Firmenhierarchie unterworfen ist.
- Er kann neue Ideen, neue Sichtweisen und neue Impulse in ein Unternehmen bringen.
- Er kann bei Bedarf die Management-Hierarchien ohne Folgen für seine Person und Stellung überspringen, denn er ist in der Regel nur dem Projekt-Auftraggeber oder Projekt-Sponsor gegenüber verantwortlich.
- Notwendige, unangenehme Entscheidungen, die für den Projekt-Fortschritt erforderlich und wichtig sind, kann er meist ohne Gefahr für die eigene Karriere leichter vornehmen, da er keine emotionalen, freundschaftlichen Bindungen in der Firma hat.

Und auch dazu als Beispiel eine interessante Begebenheit, die die Vorteile eines externen Projekt-Managers zeigen.

Ein Fallbeispiel - Projekt bei einer Großbank

Nachdem wieder einmal ein Projekt erfolgreich abgeschlossen war, begann ich mit einem guten Gefühl im Speicherbereich unseres Eigenheimes die lang anstehende Sanierung einer Holzwand im Dachgeschoss.

Das erste Brett war entfernt und das Telefon läutete. Alex M., ein Manager einer Software-Firma, war am Telefon. Ich kannte ihn vom letzten Projekt her, da wir die Software dieser Firma bei einer amerikanischen Gesellschaft anlässlich eines Projektes eingesetzt hatten. Ich war damals der Projekt-Manager.

Nun, Alex erkundigte sich am Telefon, was ich denn so tue. Nach einem „small talk" fragte mich Alex, ob ich denn auch mal für ihn, sprich für seine Firma, in der er zum Führungsstab gehörte, arbeiten würde. „Natürlich gerne", war meine Antwort, und so wurde er konkreter und fragte, ob ich denn die Möglichkeit hätte, sofort als Projekt-Manager einspringen zu können. „Wann wäre das?", war meine Frage, die Antwort war: „wie gesagt sofort, bereits morgen haben wir ein Meeting in Neu-Isenburg."

Am nächsten Tag saß ich im Flieger nach Frankfurt. Was war geschehen? Ein Bankkunde in Bonn hatte sich nach sehr langer Vertragsverhandlung kurzfristig für ein Projekt mit der IT-Firma von Alex entschieden. Die Aufgabe war, eine „Central Monitoring Software" zu installieren und zu integrieren. Die Bedingung für den Zuschlag war ein sofortiger Projekt-Beginn und ein vorgegebenes Ende.

Der Kunde, das heißt der verantwortliche Manager dort, wurde mir als sehr schwierig geschildert, und so wurde vom Projekt-Team ein Projekt-Manager gefordert, der ihnen gegenüber dem Kunden den Rücken freihalten sollte. So kam es zu meiner schnellen Nominierung.

Beim Studium des Vertrages las ich nicht nur den Termin für das vorgegebene Projekt-Ende, sondern auch den nicht unerheblichen Passus, der die Konventionalstrafe beschrieb. Wenn das Projekt-Ende zwei Wochen überschritten werden sollte, war ein „Credit" von 100.000.- €uro seitens des Lieferanten zu bezahlen.

Da kam ironisch gesprochen Freude auf, zumal es sich herausstellte, dass die benötigte Software einen technischen Stand hatte, der so für die Bank nicht verwendet werden konnte. Daraufhin wurde im Software-Labor in den USA an einer „Beta Version" „gestrickt", die bei unserem Kunden zum ersten Male zum Einsatz kommen sollte.

Da ich die Arbeitsweise, die Flexibilität und Schnelligkeit von Software-Laboren und speziell dieses amerikanischen Labors kannte, war mir sofort klar, dass wir das Projekt-Ende bei der bekannten Arbeitsweise nicht einhalten konnten. Einem Software-Labor fehlt es meist an Schnelligkeit, Flexibilität und Dynamik, um auf eine Kundenproblematik zu reagieren.

Ich wusste, dass es notwendig war, sofort zu handeln, denn später zu sagen, dass das Labor nicht schnell genug war, würde zu spät sein. Ich wollte dieses Projekt nicht „in den Sand setzen".

Das Ziel war für mich erreichbar (siehe **Kapitel 4.6**), aber die Vorgehensweise musste geändert werden.

Nun begann ich unverrückbare „Pflöcke" einzuschlagen. Ich wusste die Lösung, und erarbeitete ein kleines „Problem/Change-Management"-System, nach dem das Labor arbeiten sollte, um das Projekt-Ziel zu erreichen. Mir war klar, dass dies Staub aufwirbeln würde – mehr noch, es wurde ein Sandsturm.

Ich erarbeitete ein Verfahren für das Entwicklungslabor, in dem Problemerkennung, Reaktionszeiten und Problemlösungszeiten vorgegeben und dokumentiert wurden, sowie alle sonstigen üblichen „Problem Management“- typischen Daten wie „Severity, Priority, Assignments“, usw.

Dieses Vorgehen sollte für so eine Einheit nichts Neues sein. Die Forderungen aus einem Kunden-Projekt heraus waren sicher äußerst ungewöhnlich und würden kaum erfüllt werden. Dieses Ansinnen mit einer genau definierten Zeitvorgabe war schon etwas dreist.

All die Daten und Fakten erweckte ich in einer Arbeitstabelle zum Leben, die ich als Anhang bereitstellte. Des Weiteren schlug ich eine tägliche Telefonkonferenz vor, um den Fortschritt zu kontrollieren!

Sonst nichts!

Na ja, -„werd' scho' wer'n, sogt d' Frau Kern“- ein bisschen Humor und ein bairisches Sprichwort könnten helfen.

Ich fragte mich: „Was ist das Schlimmste, das mir passieren kann?“ Die Antwort, die ich mir gab, war: „Die Entlassung des Projekt-Managers“, das war ich. Nun, dann würde ich eben weiter machen mit der Speicherrenovierung zu Hause. Mit diesem Gedanken verschickte ich die E-Mail an den Leiter des Software-Labors in den USA.

Was ist das Schlimmste, was mir passieren kann?

Diese Frage hat mir im Leben schon oft in Problemsituationen geholfen. Ich war mit der entsprechenden Antwort immer auf das Schlimmste vorbereitet, ich war gut gerüstet. Ich wusste nun, was auf mich zukommen könnte und wurde anschließend ruhiger.

Das sehr Positive an dieser Vorgehensweise ist, dass bis heute der schlimmste Fall noch nie eintrat.

Dieses Vorgehen, diese Frage an sich selbst, habe ich in einem

Buch gelesen, und habe so wieder einmal etwas sehr Positives in meine Lebensphilosophie integrieren können. Ich habe mir wieder einmal etwas abgeschaut von anderen, das gut für mich ist und gut für meine Berufung, das Managen eines Projektes. Es war und ist für mich immer noch sehr hilfreich.

Nun weiter in meinem Fallbeispiel „Großbank-Projekt".

Die E-Mail war raus und es dauerte immerhin vier Stunden, bis der „CEO" der IT-Firma bei mir anrief, mit den Worten: „Helmut, what's on, what's the reason for all these escalation mails from outside the States?" Ich erklärte ihm die Situation und die Fakten des Vertrages mit dem Kunden, und, dass wir nur zwei Möglichkeiten hätten, wie wir vorgehen könnten. Entweder wir bleiben bei dem starren Standardverfahren des Entwicklungslabors, dann wäre es eben unumgänglich, die 100.000.- €uro Strafe zu bezahlen oder das Labor wäre bereit, nach meinen vorgeschlagenen Prozessen und Verfahren zu arbeiten. So hätten wir eine reelle Chance, „durch die Tür" zu kommen und das Projekt erfolgreich „on time" zu beenden. Der CEO registrierte die Möglichkeiten und beendete das Telefonat mit den Worten „I'll take care of it".

Nach vier Tagen kam die Antwort vom "CEO", er war in der Zwischenzeit in die USA gereist, „Helmut, go ahead, we will work as you requested".

Kurz und bündig…

Das „Problem-Management"-Verfahren wurde eingesetzt, der tägliche „Conference Call" um 18:00 Uhr wurde etabliert und die Software wurde zügig verbessert.

Das Abschlussprotokoll des Projekts wurde zwei Tage vor dem offiziellen Projekt-Endtermin unterschrieben. Das Projekt wurde erfolgreich „on time" beendet.

Markus und Jens, die Projekt-Mitarbeiter, die hauptsächlich an der

Entwicklung und Anpassung der Software beteiligt waren, staunten ob meiner Courage. Dieses Vorgehen wäre für sie als interne Mitarbeiter niemals möglich gewesen. Über alle Hierarchien hinweg diesen Weg zu gehen, wäre zu riskant, ja unmöglich für die interne Firmenkarriere gewesen. Sie sagten, dass sie mit so einer E-Mail in dieser Firma anschließend „keinen Fuß mehr auf den Boden bekommen hätten".

... und was für mich auch noch sehr wichtig war

Couragiertes Vorgehen

Um die schwierige Aufgabe erfolgreich zu stemmen, war unumgänglich und für mich selbstverständlich, den Projekt-Mitarbeitern den Rücken frei zu halten. Mit dem anfangs nicht sehr zugänglichen Kundenmanager versuchte ich, nach und nach eine persönliche Beziehung aufzubauen, die das Arbeitsklima verbessern sollte.

Zu meiner und unser aller Erstaunen folgte nach drei Monaten der Zusammenarbeit eine Einladung zum gemeinsamen Glühwein auf dem Bonner Weihnachtsmarkt.

Frühzeitiges Einbinden und Informieren

Ich gab dem leitenden Manager das Gefühl, dass wir alle in seinem Team sind. Ich gab ihm das Gefühl, kein Gegner zu sein. Ich hielt ihn immer informiert. Vor jedem Status-Meeting besprach ich mit ihm im Vorfeld die Punkte der Agenda. So wusste dieser genau, was ihn im Meeting erwartete, er konnte sich darauf vorbereiten, er war sich meiner Loyalität sicher, obwohl ich auf der sogenannten anderen Seite war. Es gab somit keine Überraschungen für ihn in einem Meeting.

Atmosphäre schaffen für das Team

Ich sorgte mich natürlich auch um ein gutes Klima im Team, zumal ich selbst, wie viele andere auch, besser und lieber in angenehmer Atmosphäre arbeite. Ich kümmerte mich um ein Hotel für uns alle, nahe dem Office, es sollte ein schönes Hotel sein, da die Arbeitstage lang waren und es unsere einzige „Recreation Area“ im Projekt war. Ich handelte einen Preis aus, der auch für Alex, den Manager, akzeptabel war.

Neben der Team-Organisation waren mir die gemeinsamen Abendessen und das Organisieren von einigen Abendveranstaltungen wichtige Punkte für die Erholung und die Motivation des Teams.

„Full Service“… auch das gehört zum Job eines guten Projekt-Managers!

4 Projekt-Start und Analyse

Auch über diese Dinge in diesem Kapitel ist schon vieles gesagt und auch niedergeschrieben worden.

Ich möchte diesen Themenbereich mit einigen, für mich wichtigen Punkten, ergänzen oder wieder in Erinnerung bringen.

4.1 Wie beginne ich ein neues Projekt?

Folgende Punkte sind es wert, vor dem Projekt-Start einmal näher durchleuchtet zu werden.

- Das Unternehmens-Organigramm
- Die Projekt-Organigramm
- Die Projekt-Einschätzung
- Das Projekt-Ziel

4.2 Die Unternehmens-Organisationsstruktur

Es ist äußerst wichtig, die Firmen-Organisationsstruktur zu kennen, in der man sich mit einem Projekt befindet und bewegt.

Machen Sie sich sehr schnell ein genaues Bild der Struktur des Unternehmens soweit es Ihr Projekt betrifft. Sprechen Sie bei Unklarheiten die mögliche Projekt-Problematik, die dadurch entstehen kann, bei Ihrem Auftraggeber sofort an.

Als erstes benötigen Sie das Organigramm.

Woher? Wen können Sie fragen? Am besten die Sekretärin, die für das Projektverantwortliche Managements zuständig ist.

Wenn Sie kein Organigramm vorfinden oder die Aussage kommt, „Dieses ist aber nicht aktuell", so beginnen Sie mit Fragen in diese Richtung und zeichnen Sie selbst eines.

Fragen zu diesem Thema:

- Wie sieht die Organisationsstruktur des Unternehmens aus?
- Wo befinde ich mich in der Organisation mit meinem Projekt?
- Gibt es einen Projekt-Sponsor, eine Person, die die Beauftragung Ihres Projektes vornimmt oder vorgenommen hat?
- In welcher Hierarchiestufe ist der Projektauftraggeber zu finden? Der **„CIO" (Chief Information Officer)** als Auftraggeber wäre für einen Projekterfolg am Besten.
- Hat der Projekt-Auftraggeber die Personalverantwortung für alle Abteilungen und Bereiche unter sich, d.h. ist er der Chef und Manager für alle Bereiche, die am Projekt direkt oder indirekt beteiligt sind?
- Berichten alle späteren Benutzer des Produktes, das im Projekt entsteht, an den Auftragsgeber?
  Mit seiner Stellung in der Organisationshierarchie sollte er über Allen stehen, die die erarbeiteten Lösungen nach dem Projekt-Abschluss benutzen.

Wird das Produkt, z.B. eine Software Anwendung, über die IT hinaus im Unternehmen benutzt, so muss oder sollte die Entscheidung dafür vom **„CEO" (Chief Executive Officer)** getroffen werden.
Wenn die Position des Projekt-Sponsors in der Hierarchiestufe zu

niedrig ist, kann die Projekt-Durchführung schwierig und die Kosten schwer kalkulierbar werden, das muss Ihrem Auftraggeber im Vorfeld klar gemacht werden. Der Projekt-Sponsor oder der Geldgeber des Projektes ist bei schwerwiegenden Problemen die oberste Eskalationsstufe für Sie. Er sollte die Macht haben, „Steine" aus dem Weg zu räumen, denn es werden welche auftauchen.

Es ist schon sehr wichtig, <u>was</u> ich als Projekt-Manager ändern oder beeinflussen kann!

Diesen Satz möchte ich mit einem Zitat meines ehemaligen Zen-Meister kommentieren:

„Dinge, die man ändern kann soll, man anpacken" und

„Dinge, die man nicht ändern kann, sollte man lernen hinzunehmen."

Ich hoffe sehr, dass Sie sich meistens im ersten Teil des Zitates wiederfinden. Ich habe es einmal bei einem großen Kunden erlebt, dass ich mich mit meinem Projekt in dem zweiten Teil des Lehrsatzes wieder gefunden habe, das war sehr aufreibend, kostentreibend und frustrierend. In dieser Situation die gute Seele im Projekt zu sein, ist eine sehr große Herausforderung.

4.3 Die Projekt-Organisationsstruktur

Die Analyse eines vorhandenen Projekt-Organigramms oder die Erstellung eines solchen läuft ähnlich ab wie bei der Betrachtung des Unternehmensorganigramms.

Wie sieht die Organisationsstruktur für ein Projekt aus?

Leitfragen:

- Wie ist die Projekt-Organisationsstruktur aufgebaut oder wie soll sie nach Ihrer Meinung verändert werden?
  Fragen Sie nur sehr vorsichtig nach einer Organisations-Chart; wenn es keine gibt, kann das nämlich für den Auftraggeber peinlich sein.

- Wenn es ein Organigramm gibt, wird Ihnen diese auf Fragen die in die Richtung gehen ausgehändigt.

- Wenn es keines gibt, fangen Sie an, selbst eines auf das Papier zu bringen, malen Sie ein Bild, so wie Sie es sich vorstellen, und lassen Sie sich dieses Bild immer wieder von „Insidern" korrigieren. Gehen Sie hierarchisch vor: Wer ist der Vorgesetzte von wem?

Aktuelle Organisationsübersichten gibt es, wie gesagt, weniger oft als vermutet.

...und wenn Sie selbst eine aufgezeichnet haben, so wird diese sehr gerne von anderen verwendet.

Ich habe bisher hauptsächlich zwei unterschiedliche Projekt-Organisationen vorgefunden. Eine davon ist empfehlenswert, die andere ist es leider nicht.

Beispiel 1

Der *„CIO“* oder eine von ihm benannte und bevollmächtigte Person initiiert ein IT-Projekt und gibt es in Auftrag.

Die Vorteile:

Ein „**CIO**“ hat in der Regel die Verantwortung für jegliche IT-Software und Anwendungen, die im Unternehmen benutzt werden. So kann er dem Projekt die Richtung geben, in der er es haben möchte. Er benötigt keine weiteren Einwilligungen oder Genehmigungen höherer Stellen. Er benötigt keine politischen Manöver für den Projekt-Start, da seine Entscheidung, ein Projekt zu starten, nur vom Budget abhängt.

Eine andere Situation liegt vor, wenn das zu erstellende Produkt unternehmensweit zum Einsatz kommt. Hier sollte, wie schon erwähnt, der „CEO“ den „Segen“ dafür geben.

Dies ist die beste Voraussetzung für Sie, zum Ziel zu kommen, zu einem erfolgreichen Projekt-Ende. Probleme und politische Eskalationen werden so minimiert.

Alle Firmen-Mitarbeiterinnen und Mitarbeiter, die ein End-Produkt eines Projektes benutzen werden, sollten organisatorisch unter dem Schirm des Projekt-Initiators stehen.

So ist gewährleistet, dass es während des Projektes oder zu einem späteren Zeitpunkt keine Konflikte und Diskussionen über den Sinn und Umfang des Projektes oder des zu erstellenden Produktes gibt.

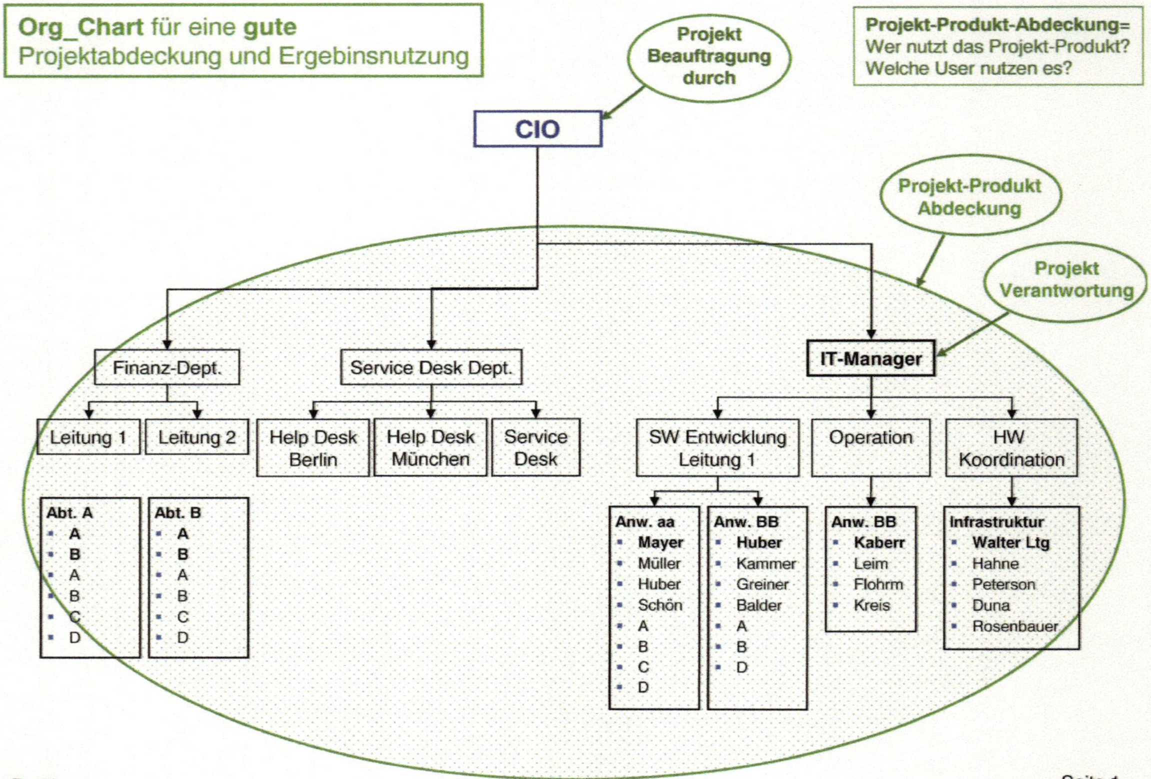
Org_Chart für eine gute
Projektabdeckung und Ergebinsnutzung
Projekt Beauftragung durch
Projekt-Produkt-Abdeckung=
Wer nutzt das Projekt-Produkt?
Welche User nutzen es?
CIO
Projekt-Produkt Abdeckung
Projekt Verantwortung
Finanz-Dept.
Service Desk Dept.
IT-Manager
Leitung 1
Leitung 2
Help Desk Berlin
Help Desk München
Service Desk
SW Entwicklung Leitung 1
Operation
HW Koordination
Abt. A
A
B
A
B
C
D
Abt. B
A
B
A
B
C
D
Anw. aa
Mayer
Müller
Huber
Schön
A
B
C
D
Anw. BB
Huber
Kammer
Greiner
Balder
A
B
D
Anw. BB
Kaberr
Leim
Flohrm
Kreis
Infrastruktur
Walter Ltg
Hahne
Peterson
Duna
Rosenbauer

Beispiel 2

Der *IT-Manager* initiiert und startet ein Projekt, ohne das „GO" vom „CIO" einzuholen.

Die Praxis hat gezeigt, dass dieses Vorgehen möglich ist und auch durchgeführt wird.

<u>Die Nachteile sind:</u>

Da das zu erstellende Produkt meist über seinen Kompetenzbereich und über den IT-Bereich hinaus geht, kann es zu Kompetenz- und auch zu Budget-Problemen kommen. Das Managen eines Projektes in dieser Konstellation wird für Sie sehr schwierig und zeitaufwendig werden. So ist es nicht ausgeschlossen, dass es während des Projektes oder zu einem späteren Zeitpunkt Konflikte und Diskussionen über den Sinn und Umfang des Produktes gibt.

Bei diesem Vorgehen benötigt der IT-Manager meistens andere Bereiche, um an sein Projekt-Ziel zu kommen. Wenn diese Abteilungen oder Bereiche nicht gewillt sind, mitzuarbeiten oder das Projekt-Ziel nicht gut heißen, so wird es erheblich schwerer, ans Ziel zu kommen. Wenn z.B. eine Anwendung, die in dem Projekt entwickelt werden soll, in anderen Bereichen „ausgerollt" und benutzt werden soll, so benötigt der IT-Leiter politisches Geschick, Diskussionen, Meetings und Nerven, sowie viel Zeit, um ans Ziel zu kommen. Das Projekt läuft Gefahr, in Schwierigkeiten zu geraten, es gibt Zeitverzögerungen und es entstehen höhere Kosten.

Der „Rollout" wird oft zum Prüfstein für ein Projekt-Gelingen, Zeit- und Kosten-Probleme sind oft vorprogrammiert.

Das Projekt kann unter diesen Umständen sehr leicht scheitern.

Darum prüfen Sie das, wie oben beschrieben, unbedingt im Vorfeld!

Nennen Sie das Problem sehr früh beim Namen!

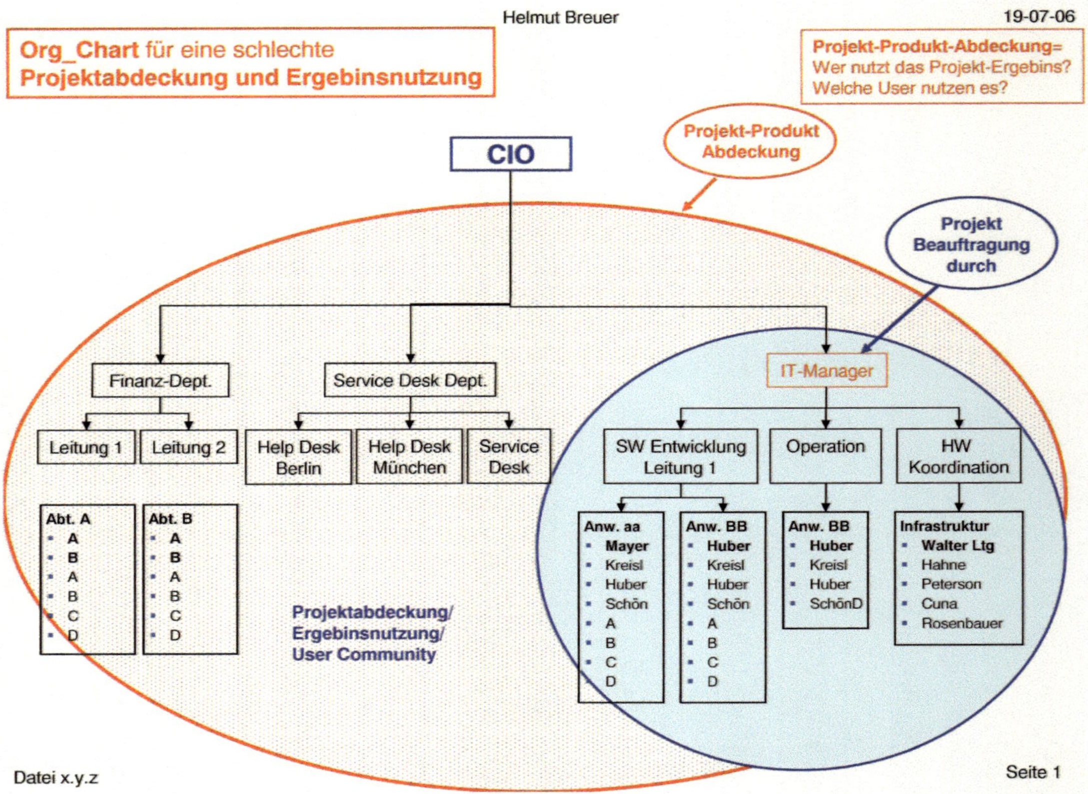
Helmut Breuer
19-07-06
Org_Chart für eine schlechte
Projektabdeckung und Ergebinsnutzung
Projekt-Produkt-Abdeckung=
Wer nutzt das Projekt-Ergebins?
Welche User nutzen es?
CIO
Projekt-Produkt
Abdeckung
Projekt
Beauftragung
durch
Finanz-Dept.
Service Desk Dept.
IT-Manager
Leitung 1
Leitung 2
Help Desk
Berlin
Help Desk
München
Service
Desk
SW Entwicklung
Leitung 1
Operation
HW
Koordination
Abt. A
A
B
A
B
C
D
Abt. B
A
B
A
B
C
D
Projektabdeckung/
Ergebinsnutzung/
User Community
Anw. aa
Mayer
Kreisl
Huber
Schön
A
B
C
D
Anw. BB
Huber
Kreisl
Huber
Schön
A
B
C
D
Anw. BB
Huber
Kreisl
Huber
SchönD
Infrastruktur
Walter Ltg
Hahne
Peterson
Cuna
Rosenbauer
Datei x.y.z
Seite 1

4.4 Analysen vor einem Projekt

Nach meiner Meinung soll sowohl bei der Arbeit wie im Leben den menschliche Themen Platz und Raum gegeben werden. So soll es also auch bei einem Projekt sein. Was bleibt und für mich sehr wichtig ist, sind die menschlichen Kontakte, die menschlichen Dinge, die ich erlebt habe, die Sie sicher auch in Ihren Projekten erleben oder erleben werden. Menschliche Dinge verbinden, erfreuen und erleichtern die Arbeit um einiges…

…so begann die Analyse im Norden Deutschlands mit menschlichen Dingen!

Eine Episode - Sandkrug 1992

Ich bekam über die Firma mit den drei Buchstaben den Auftrag, eine Analyse im Raum Oldenburg durchzuführen. Diese erstreckte sich über die Prozesse des „Problem- und Change-Management“ Bereiches eines Rechenzentrums einer Bank-Genossenschaft.

Diese Analyse ist mir immer noch sehr gut in Erinnerung. Zum einen gewann ich neben einer interessanten Arbeit neue Freunde, was nicht so oft vorkommt, zum anderen war es das Landhotel, das bei mir einen bleibenden Eindruck hinterlassen hat.

Ansprechpartner war der Kundenmitarbeiter Bernd W., der heute zu meinen Freunden zählt.

Mein Freund Bernd buchte für mich ein Hotel auf dem Lande. Ich traf dort am ersten Abend mit meinem Gepäck ein. Die Unterkunft war nicht weit weg von seinem Haus, man konnte sie zu Fuß erreichen. Ich parkte meinen Leihwagen davor und ging zu Bernds Haus, um den Schlüssel zu bekommen. Ich wusste, dass das Zimmer in einem Nebenhaus und der „Empfang“ in diesem „Luxusschuppen“ nicht mehr besetzt war.

Nach einem Abschiedsschnaps, das ist anscheinend im Norden nicht wirklich unüblich, ging ich zu meiner neuen Bleibe.

Das Nebenhaus war eher eine Neben-Hütte, etwas besser als „Onkel Tom's Hütte“. Der Schlüssel passte, aber die Tür ging nicht auf. Nach einiger „Forschungsarbeit“ sah ich, dass sie sich aus unerfindlichen Gründen gesenkt hatte. Ich fand ein Brett und einen Stein zum Unterlegen – unmächtig ist des Schlossers Kraft, wenn er mit einem Hebel schafft - und hob die Tür etwas an, sodass diese sich alsbald öffnen ließ. Ich war drin und auch gleich in meinem Zimmer. Duschen war vor dem Schlafengehen angesagt. So stand ich, die Erwartungshaltung war nicht mehr so hoch, sogar mit warmem Wasser unter der Dusche. Die Freude währte so lange, bis sich der Duschkopf selbstständig machte und mit einem Krach auf meinem Kopf landete. Gott sei Dank war der Schock größer als die Verletzung. Die Schramme war erträglich, und so setzte ich mich erleichtert auf das Bett, das heißt ich versuchte es. Sie können sich vielleicht vorstellen, wie das ist, wenn man ab einem bestimmten Winkel der Körperhaltung beim Hinsetzen einen Widerstand erwartet, ja? Ich spürte die Matratze nur kurz, dann krachte das Bett unter mir zusammen. Ich lag 30 Zentimeter tiefer als vermutet. Nach genauer Betrachtung bestand der Bettrost nur aus losen Brettern, die vermutlich nach dem zwanzigsten Gast so verrutschen, dass diese keinen Auflagenrand mehr haben. Ich war, so wie es aussieht, der einundzwanzigste Gast.

Nun begann ich mit meinem amerikanischen Überlebensmesser die Haustüre so dauerhaft anzuheben, dass man ohne steinzeitliche Hebelwerkzeuge die Türe auf und auch wieder zumachen konnte. Der Duschkopf war mit dem „Survival Kit, made in the USA“ auch bald befestigt, und die Bretter im Bett unter der Matratze waren alsbald wieder so geordnet, dass es wieder für die nächsten zwanzig Gäste ohne Einsturzgefahr benutzbar war.

Die Nacht verlief anschließend ohne besondere Vorkommnisse.

Der Morgen brachte ein brauchbares Frühstück, **fast** ohne Besonderheiten, wäre da nicht das Missgeschick passiert, dass die portionierte, verpackte Butter auf den Boden fiel. Kein Problem, nur beim Aufheben sprang mir das Verfallsdatum entgegen – 1.12.1990. Auf die Frage, wie es denn möglich sei, dass die Butter schon ein Jahr über dem Verfallsdatum war, antwortete der Wirt, er hätte mehr davon auf einmal eingekauft, da es ein Sonderangebot war. Die Butter war aber eingefroren – Gott sei Dank!

Darauf wusste ich auch nichts mehr zu sagen. Das war ein akzeptables Argument. Ich aß die Butter, und sie veränderte meinen Gesundheitszustand zum Glück nicht.

Was mir daraufhin eingefallen ist: Wir sollten unser Wissen nicht auf Vorrat für die nächsten Jahre einfrieren, sondern immer frisch bleiben in unseren Gedanken, und egal wie alt man ist, z.B. 62 Jahre wie ich, jeden Tag neue Gedanken, neue Ideen kreieren.

Ideen frisch auf den Tisch!

Am nächsten Morgen erzählte ich Bernd die Erlebnisse der Nacht. Er bog sich vor Lachen. Auf die Frage, ob er ein neues Hotel besorgen sollte, antwortete ich: „Lieber nicht, ich habe ja jetzt alles repariert und im neuen Hotel müsste ich eventuell wieder von vorne beginnen“.

… Und nun zur Analyse vor einem Projekt und zum Fragenkatalog

4.5 Ein Analyse-Beispiel und Fragenkatalog

Ich habe mir im Lauf der Zeit einen Fragekatalog erarbeitet und möchte diese Vorarbeit hier dokumentieren. Sie können diese Basis nutzen um sie für sich anzupassen, da es aus meiner Sicht von Vorteil ist, nicht das *ganze* Rad neu erfinden zu müssen.

Ein Beispiel:

Eine Analyse von „Problem- und Change"-Management Prozessen

Der Fragenkatalog:

1. **Gibt es Organigramme über**
   - Die Projekt-Struktur
   - Eskalationsverfahren und Eskalations-Hierarchien?

2. **Welche Disziplinen sollen wo und in welchem Umfang zum Einsatz kommen?**
   - Incident - Management
   - Problem - Management
   - Change - Management
   - Configuration/Asset - Management
   - Schnittstellen, z.B. SAP.

3. **Sind Prozesse der einzelnen Disziplinen bereits identifiziert und ausgearbeitet?**
   - Gibt es Zeichnungen? Wenn keine vorhanden sind, müssen Sie diese während des Projektes nach und nach erstellen und die Dinge sichtbar machen (siehe **Kapitel 7**).

4. **Wie ist die Größenordnung des Projektes?**
   - Mit wie vielen Benutzern ist in den entsprechenden Bereichen oder Disziplinen zu rechnen?

5. **Wie ist die IT-Welt in diesem Unternehmen aufgestellt?**
   - Wie sieht die Hard- und Software-Umgebung aus?

6. **Welche Software oder welche Anwendungen sollen in diesem Projekt implementiert werden?**
   - Welches Basisprodukt soll für die Kundenanpassung verwendet werden?

7. **Mit welchen einheitlichen Software-Anwendungen sollen die Mitarbeiter während des Projektes arbeiten?**
   - Z.B. Word, Power Point, Visio, usw.

8. **Wie ist die momentane Situation in diesen Disziplinen?**
   - Nach welchen Prozessen wird heute gearbeitet?
   - Wie werden Probleme und Änderungen momentan aufgezeichnet und verfolgt?

9. **Welche Vorarbeiten sind möglich und notwendig?**
   - Was kann man bis zum Projekt-Start vorbereiten?

10. **Gibt es ein verabschiedetes Soll-Konzept?**
    - Wenn nicht, ist es zeitlich möglich, das Soll-Konzept vor dem Projekt-Start zu definieren? (vertragsabhängig) oder …
    - Ist es ausreichend, nur mit dem Projektziel zu arbeiten?

11. Gibt es eine Datenstruktur, ein Datenmodell?

- Fragen nach Organisationsgruppen, Zuordnungen, Typen, Status, Prioritäten, erleichtern das Auffinden der Daten.

12. Gibt es einen Architekten?

- Ist eine Architektur notwendig?
- Kann die Architektur vor dem Projektstart fertig gestellt werden?

13. Haben sie den Eindruck, dass der Kunde schon weiß, was er wirklich will? (nur für den Eigengebrauch)

14. Wie ist die Vertragssituation?

- Gibt es einen fertigen Vertrag?
- Sind die Voraussetzungen für einen evtl. erforderlichen Werkvertrag geklärt?

15. Gibt es einen vom Kunden definierten Zeitplan?

- Überprüfen Sie den Plan soweit dies möglich ist. Wenn es offensichtliche Fehler oder Fehleinschätzungen gibt, bringen Sie das innerhalb der Analyse schon zur Sprache.

16. Sind die Projekt-Mitarbeiter schon bestellt?

- Sind schon Namen bekannt oder liegt ein Organigramm bereit?

17. Gibt es Vorstellungen über ein Berichtswesen?

- Wer soll womit, wann und wie informiert werden?

18. Ist ein Start-Workshop notwendig oder sinnvoll?

- Wenn z.B. das Projekt-Ziel nicht eindeutig ist, oder die Vorgehensweise nicht von allen leitenden Managern getragen wird, so ist ein vorausgehender Workshop ratsam.

19. Sind weitere Ist-Aufnahmen oder Analysen in angrenzenden Bereichen notwendig?

20. Welcher Zeitpunkt ist für weitere Analysen und/oder für einen Workshop passend?

Nach beendeter Analyse gibt es selbstverständlich meistens eine Präsentation beim Auftraggeber. Wenn er keine verlangt oder plant, regen Sie das an, denn eine Präsentation bringt oft überraschende Ergebnisse für den einen oder anderen Manager.

Ein offizieller Abschluss einer Arbeit ist für die Seele positiv. Es ist auch eine gute Möglichkeit sich selbst ins rechte Licht zu rücken um einen Anschlussauftrag zu bekommen.

Anmerkung zur Analyse

Bei einigen Hinweisen hier mag ich mich wiederholen, es erscheint mir aber wichtig es zu tun.

Fragen Sie bei einer Analyse gezielt nach Detail-Informationen, aber fragen Sie nicht nach Dokumenten, Plänen, „Org-Charts" usw., da es oft keine oder keine aktuelle Dokumentation gibt. Es könnte somit peinlich für den Kunden oder den Mitarbeitern sein, wenn es kaum Aufzeichnungen gibt, die für Ihre Analyse hilfreich wären.
Wenn es diese gibt, werden sie Ihnen auf Ihre gezielten Fragen hin sicher gerne und bereitwillig ausgehändigt.

Wenn Sie keine oder nur unzureichende Dokumentation vorfinden, so ist es Ihre Aufgabe, diese Dokumente, soweit es Ihr Zeitplan erlaubt, zu erstellen oder zu verbessern.

Weisen Sie in einer Abschluss-Präsentation auf alles hin, das Sie gesehen und vorgefunden haben. Mit dem entsprechenden Fein-Gefühl müssen Sie auch auf das hinweisen, was Sie nicht vorgefunden haben, denn eine Analyse soll Idealerweise auch einen Weg zu Verbesserungen und zu Neuland beinhalten

Projekt-Assessment – ein Grafik

Dieses Beispiel bezieht sich auf ein internationales Projekt!

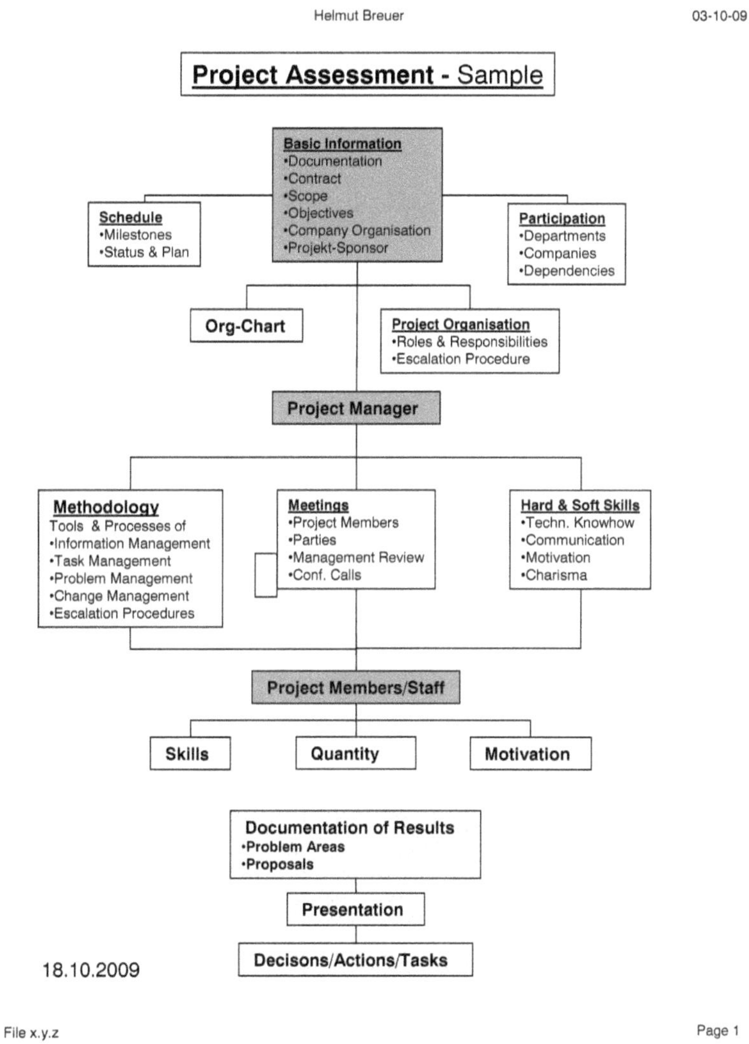

4.6 Das Projekt-Ziel

Das Ziel, das mit einem Projekt erreicht werden soll, muss klar definiert und genau dokumentiert sein.

Wenn das Ziel nicht dokumentiert ist oder nur vage ausgedrückt ist, drängen Sie darauf, dass es genau spezifiziert und niedergeschrieben wird, denn bei Differenzen oder Abweichungen während des Projektes wird es Ihnen sehr nützlich sein!

Das Projektziel muss allen, die in irgendeiner Weise mit dem Projekt zu tun haben, gegenwärtig sein, das gilt natürlich besonders für Sie selbst.

Das Projektziel sollte auch in Meetings immer wieder erwähnt und wiederholt werden, denn es könnte ja vergessen werden, da es manchmal zu einer Eigendynamik in einem Projekt kommen könnte, nicht jedoch mit Ihnen und Ihrer Kontrolle.

Auch der geplante Weg zum Ziel sollte stets klar in Ihren Gedanken vorhanden sein, damit Sie unbeirrt darauf zugehen können, denn....

Der Weg führt zum Ziel!

Seien Sie aber immer auf der Hut, dass das Ziel realistisch ist, das Sie verfolgen sollen. Wenn das Ziel für Sie unrealistisch erscheint, so haben Sie den Mut, es zu sagen, ja Sie müssen dies tun, da sonst das Projekt-Ziel nicht in der vorgeschrieben Zeit machbar ist und Ihre Qualität als Projekt-Manager in Frage gestellt werden kann.

Nur wenn das Ziel realistisch und erreichbar ist, kann man sich dafür voll einsetzen.

Der Weg ist das Ziel!

Diesen Satz haben Sie sicher schon öfter gehört?

Diese Aussage ist ebenfalls richtig und sehr wichtig, denn wenn Sie auf den Weg achten, der zum Ziel führt, wenn Sie einen guten, menschlichen Weg nehmen, dann kommen Sie so oder so zu einem erfolgreichen Ziel – also ist der Weg ein wichtiges Ziel.

Wenn Sie am Anfang des Projektes erkennen, das Ziel ist erreichbar, aber es sind dafür Änderungen in der Vorgehensweise notwendig, schlagen Sie sofort unverrückbare „Pflöcke" in den Boden. Damit meine ich, Sie sollen unverrückbar auf Ihrem Weg zum Ziel, Ihre Position und die Projektetappen kund tun und diese Informationen per E-Mail an den Projekt-Verantwortlichen versenden. So haben Sie den Vorgang dokumentiert und lassen Sie sich anschließend einen Termin bei besagter Person geben um die Sachlage zu diskutieren.

Das ist wichtig, denn später, wenn das Projekt in eine Schieflage kommen sollte, wird man es Ihnen anlasten, die Dinge nicht erkannt oder nicht kommuniziert zu haben. Dieses Vorgehen wirbelt unter Umständen viel Staub auf, aber mit Mut, Stärke und Herz überstehen Sie das. Der Erfolg wird Ihnen Recht geben, und es wird Ihre Position stärken.

Aus meiner Erfahrung ist die Position eines externen Projektleiters hier sehr von Vorteil, da dieser keine Abhängigkeiten im Unternehmen hat.

Das Fallbeispiel des Großbank-Projektes (**Kapitel 3.7**) unterstreicht diese Grundsätze.

5 Projekt-Team-Leitung

Ich möchte dem Thema Projekt-Team-Leitung etwas Raum geben, obwohl es darüber schon viel zu lesen gibt. Ich möchte auch hier meine persönlichen Erfahrungen zu Papier bringen.

„Wie der Herr, so's Gescherr“

Dieser Satz fällt mir immer wieder ein, wenn ich eine Abteilung, oder ein Unternehmen anschaue. Eine Institution ist immer so gut wie ihre Führung. Der Führungsstil tut das Seine dazu. So passt diese Betrachtung auch zum Projekt-Management.

„Wie der Projekt-Manager, so das Projekt“.

Vieles hängt von der Führung eines Projektes ab. Das „Wie“ spielt dabei eine große Rolle.

5.1 Die menschliche Führung – und das „WIE“!

Wenn ich an menschliche Führung denke, denke ich als erstes an die Fragen:

- Wie gehe ich mit den Mitarbeitern um?
- Wie motiviere ich?
- Wie zeige ich “menschliches Verhalten”?
- Wie gewinne ich Vertrauen?

Natürlich ist das Erreichen des Projekt-Zieles wichtig, das „WIE“ spielt aber eine sehr große Rolle.

Wie erreiche ich das Projekt-Ziel?

Ich bin überzeugt, dass es langfristig wichtig ist, sich selbst zu fragen, <u>**wie**</u>, mit welcher Methode ich in einem Projekt vorgehe.

Rückblickend kann ich mich auch fragen, mit welcher Methode bin ich vorgegangen? Bin ich zufrieden mit mir selbst? Was sagt mein Gefühl? Was zählt, ist auch, welche Erinnerungen bei den Mitarbeitern zurückbleiben. Da verblasst die fachliche Leistung irgendwann, aber der menschliche Umgang mit den Leuten, das „Wie“ bleibt länger in Erinnerung.

Wenn das „WIE“ passt, wird stets auch das Projektziel erreicht.

5.2 Rituale in einem Projekt

Ein Team braucht Rituale!

5.2.1 Die Begrüßung am Morgen

Dieses Thema hatte ich schon im Kapitel Früh-Warn-System angeschnitten, möchte es aber hier etwas ausführlicher betrachten, da es mir sehr wichtig erscheint.

Beginnen Sie den Tag früh morgens mit einer Begrüßung der Mitarbeiterinnen oder Mitarbeiter.

Schenken Sie jedem Teammitglied, der lokal bei Ihnen arbeitet, einige Sekunden Zeit.

Vergessen Sie aber nicht die Leute in den entfernten Standorten, immer wieder mal anzurufen.

Mit einem Handschlag früh morgens und der Frage: „wie geht es Ihnen“ oder „wie geht es dir“ oder auch nur mit einem „Hallo“ zeigen Sie Ihre Wertschätzung gegenüber den Mitarbeiterinnen und Mitarbeitern. Zeigen Sie den Mitarbeitern, dass Sie das wirklich interessiert, und Sie werden postwendend alle Dinge erfahren, die den Projekt-Mitarbeiter momentan ärgern oder ihm unter den

Nägeln brennen. So bekommen Sie Informationen, die Sie dringend benötigen, um im Vorfeld Probleme zu lösen, bevor es zur Eskalation kommt.

„**Wie geht's**„? – bringt aktuelle, dringende Probleme sofort aufs Tapet.

Jeden Morgen ein wenig Aufmerksamkeit für jeden Einzelnen hilft den Menschen und hilft auch Ihnen.

Die Vorteile:

- Aktuelle Probleme kommen sofort zum Vorschein.
- Sie bekommen die Stimmung im Team sofort mit.
- Die Mitarbeiter werden durch diese Wertschätzung motiviert.
- Sie selbst haben die Chance, positive Signale auszusenden.

5.2.2 Lob und Dank

- Wann immer es angebracht erscheint, loben Sie Ihre Leute.
- Loben Sie auch in öffentlichen Meetings.
- Danken Sie den Teammitgliedern so oft es passt und angemessen ist, aber mit Augenmass.

Lob und Dank bedeuten Motivation.

5.2.3 Die Motivation

Über Motivation bräuchte man normalerweise nicht mehr zu reden oder zu schreiben, jeder weiß, was dahintersteckt und wie gut es einem tut, diese zu spüren. Warum diese Arbeitsqualitätsverbesserung vom Management immer noch so wenig beachtet wird, weiß ich nicht, und so möchte ich einige Dinge in Erinnerung bringen.

Kleine Geschenke erhalten nicht nur die Freundschaft, sondern verbessern auch die Stimmung in einem Projekt.

Laden Sie Kollegen doch hin und wieder zu einem Kaffee ein. Ich erwähnte dies auch schon im Kapitel - Früh-Warn-System. Die Atmosphäre lädt zum Plaudern ein, jeder erzählt und spricht über die Dinge, die ihn bewegen. Privates aber letztendlich auch die Sorgen und Probleme, die er im Projekt hat kommen zum Vorschein, die sonst nicht zu Tage gekommen wären.

Organisieren Sie kleine Feste, laden Sie zu lokalen Events ein, wie Starkbierfest, Faschingsumtrunk, Volksfest, Oktoberfest oder mal ein Weißwurstfrühstück (bairische Art). Vergessen Sie dabei nicht die Mitarbeiterinnen, die Sie für das Projekt auch benötigen, z.B. Sekretärinnen.

Wenn Sie nun fragen, wie das zu finanzieren ist, so habe ich bisher immer eine Lösung gefunden. Die Suche nach Sponsoren war meistens erfolgreich. Sind Sie ein wenig erfinderisch und kreativ, es wird gelingen. Und wenn Sie eine Eigenbeteiligung von den Eingeladenen benötigen, so ist das nicht ausgeschlossen, da es den meisten wichtiger ist, *dass* jemand etwas organisiert, als die Höhe der Eigenbeteiligung. Bis jetzt habe ich immer Sponsoren gefunden.

Motivation hat auch mit Förderung der Mitarbeiter zu tun.

Wann immer es geht, lassen Sie den Mitarbeiter den Vortritt wenn es um Präsentationen oder das Abhalten von Schulungen geht. Das ist eine gute Motivation. Schieben Sie Ihre Leute in den Vordergrund, versuchen Sie nicht immer selber im „Rampenlicht“ zu stehen, denn es fällt genug Licht auf Sie, wenn das Projekt gut läuft und positive Dinge sichtbar werden. Es ist somit nicht wichtig wer letztendlich im „Rampenlicht“ stand.

5.2.4 Begrüßung und Verabschiedung im Team

Die Begrüßung neuer Mitarbeiter ist sicher gang und gäbe, darum kümmert sich auch öfters das Management, je nachdem wie wichtig „Der“ oder „Die“ neue ist, die Verabschiedung wird dagegen oft vernachlässigt.

Wenn in Ihrem Projekt eine Mitarbeiterin, ein Mitarbeiter oder auch ein externer Berater aus dem Projektteam ausscheidet und das Unternehmensmanagement keine Anstalten macht, ihn gebührend zu verabschieden, so nehmen Sie das in die Hand.

Laden Sie zum „Steh-Event“ ein. Besorgen Sie sich ein oder zwei Flaschen Sekt und ein paar Gläser, das ist machbar und bezahlbar, der Wert dieser Geste dagegen ist menschlich unbezahlbar. Überlegen Sie sich einige Sätze und sagen Sie ein paar freundliche Worte der Wertschätzung und des Dankes. Es findet sich bei jeder Person eine positive Seite, auch wenn es, was selten vorkommt, unter Umständen fachlich nicht viel zu berichten gäbe. Mehr oder weniger, lustig oder fachlich, auf jeden Fall gibt es immer etwas zu erwähnen, um einem scheidenden Projektmitarbeiter einen angemessen Abschied zu geben.

So eine Verabschiedung hinterlässt einen positiven Eindruck bei demjenigen, der das Projekt verlässt, aber auch bei den verbleibenden Kolleginnen und Kollegen, da diese sehen, dass Sie als Projektleiter jeder Mitarbeiterin und jedem Mitarbeiter eine Wertschätzung entgegenbringen, die Sie in der Verabschiedung zum Ausdruck bringen.

Sie tun etwas, was nicht unbedingt zu Ihren Aufgaben zählt, die Geste wird aber umso mehr geschätzt.

Ihre Führungsqualität wird damit unterstrichen.

Neuerdings gibt es für die Tätigkeit, scheidende Mitarbeiter zu betreuen eigene Beratungsfirmen und Seminare für die betroffenen. Das kann sicher für große Personal Veränderungen notwendig sein, wir als Projekt-Manager sind aufgerufen, einen weniger spektakulären Ansatz zu leben, aber einen menschlichen, persönlichen Stil im Projekt-Rahmen zu verwirklichen.

5.2.5 Der Projekt-Abschluss

Ein Abschluss einer Arbeit ist enorm wichtig für die Seele derer, die die Arbeit verrichtet haben, ob im Leben oder in einem Projekt.

Zimmerleute feiern eine „Höhenweihe", sie sind fertig mit ihrer Arbeit. Ein Schiff wird getauft und läuft vom Stapel. Ein Musikstück endet mit einem Schlussakkord, und ein Projekt sollte mit einer Abschlussfeier enden. Das tut der Seele gut und bleibt in Erinnerung.

Es ist dabei nicht wichtig, wie viel dieser Abschluss kostet, wie mondän dieser aufgezogen wird – wichtig ist es, so einen Abschluss zu organisieren und umzusetzen. Das hat wieder einmal mit Wertschätzung der Projekt-Mitarbeiter zu tun. Einer muss es tun, und der Eine sind Sie. Es fällt aber sicher positiv auf Sie zurück

Diesen „Schlussakkord" zu setzen ist beim Projekt-Manager gut angesiedelt, er ist es, der diese „Task" zum Leben erwecken soll, er ist es, der das Management darauf aufmerksam machen soll, dass dies notwendig ist. Wenn Sie in einem „Review-Meeting" darauf hinweisen, kann es sein, dass das Management die Sache selbst in die Hand nimmt – auch gut. Wichtig ist es, das Thema <u>rechtzeitig</u> anzugehen. Sponsoren sollten sich finden lassen.

Machen Sie so einen Anschluss zu Ihrer „Chefsache", es wird sich lohnen für Ihr Team, für Sie, für Ihre Reputation. Es lohnt sich, in guter und angenehmer Erinnerung bei den „Projekt-Player" zu bleiben.

Eine Episode zum Thema Projekt-Abschluss

Das Miteinander in fröhlicher, entspannter Runde, ein Feierabend-Bier und ein Projekt-Abschluss-Meeting, ein Abschlussabendessen mit den Beteiligten zu organisieren, diese „Tasks“ lies ich mir in keinem Projekt nehmen. Diese Aufgaben hat mir auch noch nie jemand streitig machen wollen.

So war es auch in einem Projekt das als Ziel hatte, die Software-einführung für „Help Desks“ einer amerikanischen, weltweit operierenden Telefongesellschaft zu bewerkstelligen.

Gesagt, getan, ich organisierte einen Abschlussabend bei einem Winzer in der Nähe von Mainz, da die internationale Schulung der „Help Desk“-Mitarbeiter in Mainz stattfand.

Ich kaufte Weingläser, für 2 DM das Stück und ließ für 6 DM eine Gravur vornehmen mit dem Projekt-Namen und dem Vornamen jedes Schulungsteilnehmers. Die Platzschilder waren Weinblätter, die ich mit Goldstift beschrieb. So wurde es ein ansprechendes Geschäftsessen, ein guter Abschluss, der auch lange in Erinnerung bleiben sollte. Das „feedback“ der Teilnehmer im Anschluss waren mir Lohn genug.

Irgendwann begann der Winzer, uns auf den Abend mit seinen Erklärungen über den Wein einzustimmen. Leider war er der englischen Sprache nicht mächtig. Auf der Suche nach einem geeigneten Übersetzer waren wir alsbald fündig geworden. Es war Carter L., der Geschäftsführer der Softwarefirma, die das Produkt für die „Help Desks“ entwickelt hatte, er war amerikanischer Staatsangehöriger, er sprach – Gott sei Dank - fließend deutsch und war auch anwesend.

Das lief, nach anfänglichen Schwierigkeiten, super. Der Winzer hatte sich bald darauf eingestellt und für alle zweisprachigen Beteiligten war es ein Spaß, abzuwarten wie denn die Übersetzung jeweils ausfallen würde. Dann erklärte der Winzer die nächste Prozedur im „Leben des Weines“ ... ja, die „Rotwein-Maische“ muss erhitzt werden im „doppelwandigen Durchlauferhitzer“. Bei diesen komplizieren Worten bogen wir uns schon vor Lachen, bevor die Übersetzung begann, denn keiner konnte sich vorstellen, wie unser Dolmetscher das meistern wollte.

Nach mehreren herzerfrischenden Versuchen, die Übersetzungsaufgabe zu lösen, begannen wir, nach weiteren interessanten Ausführungen, mit einem Lächeln im Gesicht und großer Freude das „Winzer-Mahl“ einzunehmen.

Es ist für mich jedes Mal eine große Freude, mit unterschiedlichsten Dingen die Mitarbeiterinnen und Mitarbeiter zu motivieren.

Mit Herz am Team!

5.3 Konflikte im Team

Wirkliche zwischenmenschliche Probleme, die im schlimmsten Falle auch noch eskalieren, kommen selten vor und sollten erst gar nicht vorkommen. Ihr trainiertes Früh-Warn-System und Ihr Gespür können das sicher im Vorfeld verhindern. Wenn Sie spüren, dass sich etwas zusammenbraut, greifen Sie schnell ein, laden Sie zu Einzelgesprächen oder berufen Sie kleine Gruppen-Meetings ein. Bauen Sie aber vorher ein positives Klima auf.

Wenn Sie solch ein Gespräch einberufen –

Beginnen Sie immer in der ICH-Form:

- "Ich habe das so verstanden…“
- „Ich fühle mich so ….”

Starten Sie auf keinen Fall mit einem „Angriff“ in der **Du** oder **Sie** Form, das verschließt den anderen erstmal und wird als Angriff verstanden.

Mit diesem Vorgehen haben Sie bessere Chancen, mit den Fragen an das Gegenüber und mit der Konfliktlösung zum Ziel zu kommen.

Als zweites können Sie Ihre Fragen an das Gegenüber richten, wie beispielweise:

- „Was wollen Sie mit Ihren Aussagen erreichen?“
- „Was ist Ihr Ziel, so wie Sie vorgehen?“
- „Was wollen Sie mit Ihrem Vorgehen für sich verbessern?“
- „Haben Sie Vorschläge, wie man das Projekt-Ziel besser erreichen kann?

Solches Vorgehen war für mich sehr hilfreich, bald zu einer Konfliktlösung zu kommen.

...wenn nicht –

bekommt jeder eine zweite Chance, die Regeln zu beachten, das Projekt-Ziel zu verfolgen und die Teamarbeit zu unterstützten.

Herz und Gefühl sind wichtig, das Projekt-Ziel ist genauso wichtig. Wenn die zweite Chance nicht genutzt wurde, habe ich das Management ersucht, die Person aus dem Team zu entfernen, da wir das Ziel gefährden würden. Es wurde meiner Empfehlung jedes Mal entsprochen. Das kam in meinen bisherigen Projekten, Gott sei Dank, nur zwei Mal vor.

Es ist wichtig, dass das Team auch in dieser Situation neben Herz und Gefühl auch Ihre persönliche Stärke spürt und sieht.

6 Projekt-Steuerung

Auch hier sei hingewiesen, dass ich den vielen Ausführungen aus Büchern, Workshops und Management-Verfahren nur einige eigene, für mich wichtige Punkte hinzufügen möchte.

6.1 Organisatorische Elemente

Ein Projekt läuft reibungsloser, wenn Sie einige Dinge von Anfang an organisieren und so das Projekt sichtbarer machen.

Einige Punkte, die leider nicht immer selbstverständlich sind, möchte ich hier aufzeigen.

Das Sichtbarmachen eines Projektes beginnt schon hier.

Namensliste mit Telefonnummern

Eines der ersten Dinge, die ich bei Projektbeginn erstelle, ist eine Tabelle mit den Namen und Telefonnummern sowie anderen interessanten Informationen über die Projekt-Teilnehmer und allen wichtigen Namen, mit denen ich zu tun habe. Die Tabelle wächst mit der Zeit und wird so zu einem wichtigen Dokument, das viele Leute im Team öfter benötigen als Sie denken.

Ich habe festgestellt, dass eine solche Auflistung aller Namen und Telefonnummern von anderen sehr geschätzt wird, Sie werden immer wieder danach gefragt werden. Leider macht sich kaum selbst jemand die Mühe, so ein Hilfsmittel zu erstellen.

Sie werden sehen, wie gut das bei den Mitarbeitern ankommt.

Raumplan mit Namen und Telefonnummern

Ein weiteres gutes Hilfsmittel für die Projekt-Organisation ist ein Raumplan mit den Sitzplätzen der Teammitglieder, den dazugehörigen Namen und den korrespondierenden Telefonnummern.

Es ist auch sehr gut geeignet, um neue Projekt-Mitarbeiterinnen und Mitarbeiter zu integrieren.

6.2 Die Projekt-Dokumentation

Auch hier beschränke ich mich auf einige wichtige Punkte, auf die ich aufmerksam machen möchte.

Allgemeine Projekt-Dokumenation

Ein Projekt-Dokument ist eine Sammlung aller relevanten Projekt-Daten. Fangen Sie einfach an, und es wird sich entwickeln. Wenn Sie eine alte Dokumentation haben, setzen Sie darauf auf. Wenn nicht, beginnen Sie einfach eine, ohne Perfektionismus.

Legen Sie dieses Dokument, wenn möglich, auf einem gemeinsamen Team-Laufwerk ab, so wird es für alle sichtbar.

Schreiben Sie so, als ob Sie das Projekt aus irgendeinem Grunde an einen Nachfolger übergeben müssten.

Schreiben Sie so, wie Sie eine Dokumentation gerne hätten, wenn Sie dieses Projekt von heute auf morgen übernehmen müssten. So, dass Sie es jederzeit vorlegen können, darin blättern können, wenn das Management Informationen möchte. Schreiben Sie es so, dass Sie damit einen neuen Kollegen ohne große Probleme einarbeiten können.

… und vergessen Sie das Projekt-Ziel nicht zu dokumentieren, das Sie mit dem Kunden vereinbart haben oder das vom Kunden vorgegeben worden ist, es könnte ja sein, dass es der eine oder andere Projekt-Mitarbeiter oder aber auch das Management es wieder aus den Augen verliert.

Das Projekt-Tagebuch

So eine Aufzeichnungsmöglichkeit ist heute schon weit verbreitet. Es kostet aber Zeit und Geduld, ein Projekt-Tagebuch konsequent zu führen. Ich muss mich selbst auch immer wieder an der eigenen Nase packen, Gespräche, Ideen, Informationen aus den Meetings zu dokumentieren, denn ich habe ***kein*** hervorragendes Gedächtnis, um mich im Nachhinein an alles zu erinnern. Das Projekt-Tagebuch dient auch ein wenig als Beweisstück für spätere Diskussionen, denn andere erinnern sich nicht immer an die versprochenen Zusagen.

Ein Nachschlagewerk für sich zu haben, sich an Gespräche und Entscheidungen zu erinnern, was z.B. vor einer Woche war, was ich damals vereinbart habe, worüber wir gesprochen haben, all das ist in einem Projekt-Tagebuch sehr gut aufgehoben.

Ein sehr wertvolles Dokument.

Welche Information muss auf jedes Blatt Papier, auf jedes Dokument?

Wenn Sie im Wald ein Baumblatt finden, so haben Sie als geübter „Waldler“ eine gute Chance zu wissen, was das für ein Blatt ist, woher es kommt und von welchem Baum es stammt, von einer Eiche, einer Linde usw.

Die „Blätter“, mit denen wir es in einem Projekt zu tun haben, sehen leider in Form und Farbe alle gleich aus. Sie wissen oftmals nicht, woher sie kommen, wer sie geschrieben hat. Von Natur aus sehen Sie es so einem Blatt nicht an, woher es kommt. Wie oft haben Sie schon ein Blatt Papier auf Ihrem Schreibtisch gefunden und sich gefragt, wer das geschrieben und dorthin gelegt hat, oder Sie finden nach Tagen ein Blatt unter Blättern und wissen nicht mehr, wer es geschrieben hat, woher es kommt oder zu welchem Dokument diese Seite gehört.

Was fehlt meistens auf so einem Blatt? Ein Name, ein Datum, eine Abteilung, Dokumenten-Name oder „File-Name“, wichtige Informationen, die das Arbeiten in einem Projekt sehr erleichtern.

Ein sehr wichtiger Punkt, der von den Mitarbeitern und sogar von Projekt-Managern selten beachtet wird. Leider!

Jedes Blatt Papier im Projekt muss sofort identifizierbar sein. Auch eine handschriftliche Notiz verdient es mit einem Datum und einem Namen versehen zu werden.

Drängen Sie darauf, dass das gelebt und eingehalten wird.

Kein Blatt Papier ohne eine Kopf- und eine Fußzeile!

Informationen in der Kopf- und Fußzeile

Legen Sie bei Projekt-Beginn die Informationen fest, die in der Kopf- und Fußzeile jegliches Projekt-Dokumentes erscheinen sollen.

Folgende Informationen haben sich in der Praxis bewährt:

Die Kopfzeile:

Sie sollte folgende Informationen enthalten:

- den Dokumenten-Titel - links
- den Autor - mittig
- das Erstellungsdatum - rechts

Die Fußzeile:

Die Information kann wie folgt aussehen:

- Datei-Name - links
- Seitennummer und Anzahl - rechts

Die Kopf- und Fußzeile kosten den Mitarbeiter nicht einmal eine Minute Zeit, aber es hilft Ihnen im Projekt, Zeit zu sparen. Es ist, wie schon erwähnt, sehr zeitaufwendig und nervig, nach dem Autor eines Blattes ohne Kopf- und Fußzeile zu forschen, das auf einmal auf Ihrem Schreibtisch liegt.

Wenn Sie ein Projekt-Start-Meeting durchführen, ein sogenanntes KICKOFF, so fordern Sie die notwendige Dokumentation ein und machen es zu einem wichtigen Tagesordnungspunkt.

Erinnern Sie ggf. an dieses Vorgehen in einem Ihrer Projekt-Meetings, denn Sie glauben nicht, wie oft dieses Vorgehen vergessen oder nicht beachtet wird.

Gehen Sie IMMER mit gutem Beispiel voran!

Beispiel für eine Kopf- und Fußzeile:

Kopfzeile

AZB Verbesserung Projekt Helmut Breuer 03.10.2009

Verbesserung der Kundenzufriedenheit im Auftragswesen

Vorschlag der Vorgehensweise - Fragen

1. **Zielsetzung des Projektes besprechen**
    a. Wer ist der Sponsor?
    b. Wird es ein monatliches Review Meeting geben?
    c. Wer nimmt an den Review Meetings teil?
    d. Wer ist meine Ansprech-Person?
    e. Wie ist der Zeitrahmen

3. **Themen des nächsten Meetings**
    a. HW Order und Installations-Ablauf
        i. Analyse besprechen
        ii. Aktionen erarbeiten
            1. Prozesse
            2. Tools
            3. E-Mails
            4. Zuständige Abteilungen der Aktionen ermitteln
            5. Plan erstellen
    b. **AZB Befragung**
        i. Aktionen besprechen, Möglichkeiten
            1. Wie läuft die AZB ab?
            2. Prozessverbesserung besprechen
            3. Kann man ausgewählte User besuchen um die Befragung zu erklären oder fragen wie sie das sehen?

Fußzeile

AZB Vorgehen 24-05-09 HB (Filename) Seite 1 von 1

Das Abspeichern einer Projekt-Datei

Das kann doch wohl nicht schwer sein, oder? Nein - schwer ist das Abspeichern einer Projekt-Datei sicher nicht. Sie erleichtern sich Ihre Tätigkeit mit einer übersichtlichen Darstellung Ihrer Dateien in einem Datei-Manager/Explorer, wenn Sie den folgenden Tipp befolgen. Das beginnt beim Speichern der File.

Eine Datei sollte nach dem Abspeichern immer eindeutig identifizierbar sein. Das ist beim Versenden als Anhang einer E-Mail ebenso sinnvoll wie nützlich.

Ein sprechender „File Name“ und auch ein Datum im „File-Namen“ war für mich in der Praxis immer sehr hilfreich. Sie haben dadurch in Ihrem Datei-Manager immer eine gute Übersicht und wissen sofort, welche die letzte, geänderte Datei ist. Damit haben Sie auch mehrere alte Versionen der Dateien im Zugriff.

Projekt-Namens-Konventionen können von Ihnen vorgenommen werden oder auch vom Auftraggeber vorgeschrieben sein.

Wenn Sie Ihre „File“ versenden wollen, so ist ein zusätzliches Namenskürzel nach dem Datum auch sehr hilfreich, so wissen Sie sofort, dass das Ihre kreierte Datei ist.

Ein Beispiel für einen Datei-Namen:

„AZB-Ablauf 24-05-09 HB.doc“

- “AZB-Ablauf” entspricht einem Projekt-Namen, das ist meistens ein frei wählbarer Name.

- 24-05-09 Datum TT-MM-JJ – ist ein praktikables und erprobtes Format. Das Format **JJMMTT** 090524 (amerikanisches Datumsformat) wäre für die Sortierbarkeit in der „File-List“ besser, in der Praxis hat sich die schnelle Datums-Lesbarkeit, wie dargestellt, aber besser bewährt.
Lesbarkeit vor Sortierbarkeit.

- Namenskürzel, z.B. HB steht für Helmut Breuer.

Was sich außerdem gut bewährt hat.

Wenn Sie einem Projekt-Mitarbeiter Ihre Datei gesendet haben und diese Datei anschließend durch ihn verändert zurück gekommen ist, so sollten Sie diese „File“ mit einem Kürzel des Absenders wieder abspeichern. Manchmal wird das schon so gelebt. So haben Sie die Möglichkeit, Ihre erstellten Dateien von den veränderten Dateien des Senders zu unterscheiden. Das bringt Ihnen eine gute Übersicht im Datei Explorer über die unterschiedlichen Dateiversionen und den Datei-Autoren.

6.3 Meeting-Hinweise

Allgemeines

Mit jeder guten Meeting-Vorbereitung zeigen Sie Professionalität.

Mit jedem erfolgreichen Meeting können Sie Ihre Fähigkeiten, Ihre Professionalität, ins rechte Licht rücken.

Mit jedem erfolgreichen Meeting steigt Ihr Ansehen im Projekt-Team und beim Management.

Planen Sie regelmäßige Meetings („Jour-Fix").

Ihr Team benötigt Regeln und dazu gehören auch regelmäßige Meetings. Lassen Sie Meetings nur wegen sehr wichtiger und dringender Ereignisse ausfallen.

Ihr Team will Regelmäßigkeit.

Eine Begebenheit zum Thema

Es gibt Meetings, die nicht besonders gut geführt werden, das ist leider so, es wird viel geredet und man kommt nicht voran. Erschwerend ist, wenn im Meeting Vorgesetzte sitzen, man traut sich nicht recht, seine Stimme zu erheben, einen anderen Weg vorzuschlagen.

Eines Tages in einem Manager-Meeting, da waren auch „Hochkaräter" dabei, ging nicht wirklich was vorwärts, nur Diskussionen, kein Ergebnis. Mein damaliger Manager, Klaus-Dieter Graf, kurz „KDG" genannt, hatte ein Bild im Kopf, ich sah es ihm an. Er hatte den Mut, ging ohne eine Aufforderung des Meeting-Leiters zum Flipchart und fing an zu visualisieren, er zeichnete <u>sein</u> Bild auf das Papier, denn bis dahin hatte vermutlich jeder einzelne Teilnehmer sein Bild im Kopf, wie so oft, und die vielen Bilder passten nicht zusammen, es gab somit keine Lösung, kein Ergebnis. Ich spürte, dass darauf jeder insgeheim gewartet hatte. Das Gremium schaute auf ein Bild, alle anderen Bilder in den Köpfen wurden „gelöscht". Es wurde auf der Basis dieses einen Bildes diskutiert, entwickelt und alsbald kam man zu einem Ergebnis.

Wenn bei einem Meeting das Gremium Diskussionen ohne Ergebnisse führt, der Leiter des Meetings nichts sichtbar macht, Sie aber ein genaues Bild im Kopf haben, zeichnen Sie es sich auf einem Blatt Papier kurz auf, haben Sie den Mut, gehen Sie mit einer freundlichen Frage an die Tafel, an den Flipchart, und Sie werden sehen, dass keiner Ihnen den Kopf abreißt.

Das ist der Anfang eines Bildes, der Beginn eines erfolgreichen Meetings und dasselbe Bild wird in allen anwesenden Köpfen gespeichert. Das Meeting wird erfolgreich.

Die Vorbereitung und Planung

- Kein Meeting ohne Vorbereitung, auch wenn Sie meinen, dass das für den Kreis nicht notwendig erscheint.
- Sorgen Sie für eine gute und rechtzeitige Planung.
- Überprüfen Sie vorab noch einmal alles, was für das Meeting wichtig ist. Überprüfen Sie einen Tag vorher die Raumreservierung.
- Machen Sie vorher eine Raumbegehung, es kann einiges zwischenzeitlich verändert sein.
- Ist der Raumzugang, die Raumnummer bekannt?
- Sind Raumschlüssel, Unterlagen, Equipment wie „Beamer", Flipchart-Ständer und Papier vorhanden? Ist das Notebook auf den Beamer abgestimmt? Sind die Dateien im Zugriff?
- Haben Sie einen Backup der Unterlagen? Auf Papier/Flip? Auf einem USB-Stick? Folien mitnehmen schadet sicher auch nicht.

Die Einladung zum Meeting

- Eine Einladung zu einem Meeting muss den Zweck und Ziel des Meetings sowie eine Tagesordnung/Agenda beinhalten. Hier beginnt die Professionalität.
- Starten Sie kein Meeting ohne Agenda, auch wenn es nicht viele Punkte zu besprechen gibt. Sie zeigen so Ihrem Auditorium konkrete Wertschätzung und dass das Meeting für Sie wichtig ist. Sie zeigen damit auch Ihre Professionalität und Ihre Fähigkeiten, ein Projekt zu leiten.
- Kein Meeting ohne ein Meeting-Ziel. Was wollen wir erreichen?
  Das Meeting-Ziel sollte vor Beginn Jedem schriftlich vorliegen, oder Sie sollten es auf ein Flip-Chart schreiben, damit es während des Meetings ständig sichtbar ist.

Die Termin-Erinnerung

Bei wichtigen Terminen oder wenn diese schon länger geplant sind, erinnern Sie einen Tag vorher mit einer E-Mail und verschicken Sie zur Sicherheit noch einmal die Agenda, denn der eine oder andere weiß sicher nicht mehr, wo diese abgelegt ist.

Wenn die Vorbereitungen für ein Meeting oder eine Schulung nicht in Ihrem direkten Einflussbereich liegen, da der Tagungsort in einer anderen Stadt liegt, ist das manchmal nicht so einfach.

Die folgende Geschichte ist ein guter Beweis dafür, wie die Planung, Vorbereitung und Terminerinnerung laufen kann, auch wenn Sie alle Hinweise beachten.

Ein unglaubliches, amüsantes Erlebnis zum Thema

Ich war vor vielen Jahren Teil-Projektleiter eines großen internationalen Projektes. Ich war zuständig für die Prozesse und die Anwendung der Disziplinen „Problem- und Change Management". Wir – Erhard, mein „Counterpart" beim Kunden, und ich, - waren aufgerufen, eine Schulung für die Benutzer in Miami (Florida) abzuhalten.

Erstmal war die Freude groß, eine Dienstreise nach Miami antreten zu dürfen, in die Stadt der Lebensfreude mit karibischem, hispanischem Einfluss.

Wir machten uns an die Vorbereitungen - Konzept, Schulungsunterlagen, „Hand-outs" - und planten die Ausrüstung des Schulungsraumes.

Für die Schulungsraumplanung und die Ausrüstung war es aber zwingend notwendig, unseren amerikanischen Kollegen namens **Glen** in Miami zu kontaktieren. Die Termine waren bald festgelegt, die Teilnehmerliste wurde von uns angefordert und die Liste des benötigten „Equipments" war rechtzeitig in die USA unterwegs, mehr als rechtzeitig, vier Wochen vorher. Die Bestätigung unseres Mannes an der „Schulungsfront" kam postwendend – **„No problem, I'll take care of everything, for sure".**

Nach zwei Wochen des Wartens schrieben und telefonierten wir wegen der Teilnehmerliste und wegen der noch wichtigeren Schulungsraumplanung. Die Antwort war **„ Everything is fine, don't worry"**. Die Intervalle unserer E-Mails wurden immer kürzer, die Antwort war aber immer dieselbe „Everything is fine, don't worry".

… schließlich stiegen wir, im Glauben an „Everything is fine", ins Flugzeug und kamen in dieser aufregenden Stadt Miami an. Aufregend in jeder Hinsicht. Der Schulungsraum war vorhanden, aber verschlossen und unser „Freund" Glen nicht zu finden. Am nächsten Tag, am Tag vor dem ersten Training, hatten wir die Möglichkeit, den Schulungsraum zu inspizieren. Dieser glich einem Möbellager. Ja, so stelle ich mir eine „chaotische Lagerung“ vor. Wir fingen sofort an, Tische und Stühle so zu ordnen, dass der Raum einem Schulungsraum wenigstens annähernd ähnlich sah. Leider fehlte dann noch die Ausrüstung. Overhead-Projektor und PC waren leider auch nicht vorhanden. Obendrein fanden wir auch kein Koaxial-Kabel, um mit dem PC Online zu gehen (damals gab es noch kein LAN und WLAN).

Da kam Freude bei uns auf! Glen wurde aktiv. Sein Ausspruch **„Don't worry“** war uns längst bekannt, und bescherte uns am Morgen des nächsten Tages um 9:15 einen Projektor und einen PC. Die Schulung begann laut Plan aber schon um 9:00 Uhr! Das sah außer uns beiden aus „Old Germany“ aber niemand so eng.

Ohne Koaxial-Kabel konnten wir aber nicht Online gehen, und so starteten wir mit den „Backup-Folien“ über unseren Projektor (auch die bescheidenen Dinge machen schon Freude). Auf unsere Frage nach dem Online-Anschluss kamen natürlich wieder altbekannte, beruhigende Worte.

Um 11:00 Uhr ging uns das Präsentationsmaterial aus, und die Rettung kam mit lautem Getöse in Gestalt einer Schlagbohrmaschine des „Facility Managers“ (in Bayern heißt dieser „Job“ Hausmeister).

Nach minutenlangem Rattern kam ein dicker Bohrer durch die Wand in unserem Schulungsraum an, das Loch für unser Kabel war vollbracht. Nach dem Mittagessen waren wir Online. „Herz, was willst Du mehr“.

Die einzigen, die nervös waren, waren wir beide. Also – **„why worrying“**, alles war **„no problem“**. Erhard und ich sahen das alles wohl irgendwie zu eng und nicht locker genug …

Die folgende Zeichnung sah ich anschließend in einem Büro an der Wand hängen, die musste ich kopieren –

wie passend.

Nicht nur ein Bezug auf die Termin-Erinnerung, vielleicht ist es auch mal hilfreich, sich dieses Bild in Krisenzeiten anzuschauen, um so auf andere Gedanken zu kommen und wieder einmal lächeln zu können.

Diese Aussage passt auch zur früher genannten Frage:
„Was ist das Schlimmste, was mir passieren kann“?

Die Durchführung eines Meetings

Hier auch wieder nur einige Hinweise aus der Praxis, die mir aufgefallen sind und Ihr Vorgehen abrunden können.

- Wann immer es geht, benutzen Sie einen „Beamer“. Es ist wichtig, dass alle Teilnehmer auf einen Punkt, auf ein Bild, schauen.
- Wann immer der Kreis es zulässt, halten Sie den Vortrag stehend. Stehend heben Sie sich hervor aus dem Kreis der Anwesenden. Es unterstreicht Ihre Führung und es ist eindeutig, wer die Leitung hat. Es lässt sich leichter steuern, wenn man steht. Sie haben so den besseren Überblick und können so einem Teilnehmer leichter das Wort erteilen, oder können unterbrechen, wenn jemand dazwischen redet.
- Haben Sie ein Auge darauf, wer was sagen möchte. In vielen Meetings reden nur diejenigen, die laut, schnell und frech sind und so andere unterbrechen können. Nicht jeder kann dazwischen reden. Es gibt Teilnehmer, die etwas Wichtiges zu sagen haben, aber nicht dazwischen reden wollen, sie haben das bei ihren Eltern so gelernt, achten Sie darauf, denn es könnten Ihnen wichtige Informationen verloren gehen. Das ist aber nur möglich, wenn Sie im Stehen moderieren.
- Benutzen Sie keine „Quietsch-Ente“ oder andere Hilfsmittel, um Langredner zu unterbrechen, das ist zwar originell, hilft Ihnen aber nur kurzfristig. Wenn der „Enteneffekt“ aufgebraucht ist, haben Sie anschließend ein größeres Problem als vorher.
  Unterbrechen können Sie dann, wenn Sie eindeutig die Leitung des Meetings haben, ein gutes „Standing“ haben, d.h. eine persönliche Stärke besitzen.
- Denken Sie an den Augenkontakt mit den Teilnehmern. Wechseln Sie mit den Blickkontakten zu Jedem, damit keiner außen vor bleibt.

- Sprechen Sie so weit wie es geht nicht zur Tafel, Flip oder Bild und achten Sie auf Ihre Körpersprache.
- Wenn ein konstruktives Meeting nicht möglich ist, so sollten Sie das analysieren, eine Änderung ist möglich und notwendig! Die Leitung und Durchführung eines Projekt-Meetings ist ein Abbild Ihrer Projekt-Führung.

6.4 Projekt-Meetings

"Kick off" Meeting

Wenn Sie ein Projekt von Beginn an begleiten, überzeugen Sie das Management vom Sinn eines Start-Meetings, von einem sogenannten "Kick off"-Meeting. Lassen Sie sich diesen besonderen Projekt-Start nicht entgehen. Eine gute, professionelle Vorbereitung gehört natürlich dazu, das ist außer Frage.

Die Vorteile sind:

- Das Management hat die Möglichkeit, die Spannung bei den Projekt-Mitarbeitern zu erhöhen.
- Sie selbst können sich in ein gutes Licht setzen und Ihre Projekt-Führungsposition außer Frage stellen.
- Sie können von der ersten Stunde an Ihre Anforderungen an das Team bekannt geben, wie Meetings, Dokumentation, Regeln usw.
- Von der ersten Stunde an sind allen Teilnehmern die Projekt-Struktur und alle „Spieler“ bekannt.
- Eventuelle Widerstände können Sie von Beginn an registrieren und Ihrer Vorgehensweise anpassen.

Team-Meetings

Team-Meetings gehören zum Ritual eines Projektes!

- Wie vorher schon erwähnt, sorgen Sie für regelmäßige und pünktliche Meetings.
- Starten Sie selbst <u>immer</u> pünktlich, so werden Ihre Teilnehmer auch zunehmend pünktlicher erscheinen.
- Die Teammitglieder werden diese Meetings schätzen lernen, wenn sie informativ, gut strukturiert und gut vorbereitet sind.
- Lassen Sie nur im äußersten Notfall ein Meeting ausfallen. Regelmäßigkeit schafft Kontinuität im Team, und die Mitglieder spüren wiederum eine Wertschätzung ihrer eigenen Person.

Reviewboard-Meetings

In jedem Projekt sollte es ein „Board" Meeting, ein Kontroll-Meeting des Managements geben.

Ein Review-Board-Meeting wird in der Regel vom Management geplant und gefordert. Wenn dem nicht so ist, schlagen Sie diese Art von Meetings auf jeden Fall vor.

Zum Kreise dieses Meetings sollte neben dem Management auch der Projekt-Sponsor gehören. Sollten Sie eine wichtige Person als Teilnehmer vermissen, sprechen Sie das beim projektverantwortlichen Manager an.

Alle Themen/Punkte, die einer Entscheidung bedürfen, müssen den Teilnehmern vorher bekannt sein. So hat das Management eine Chance, sich darauf vorzubereiten, um eventuell Entscheidungen sogleich im Meeting zu fällen.

Mit dieser Art von „Pre-Information“ werden Sie weniger Probleme in Meetings haben, und das Management vertraut Ihrer Projektführung.

Die Vorteile sind:

- Das Management wird über den Status des Projektes informiert.
- Sie bekommen rechtzeitig Einwände aus dem Management und vermeiden damit Eskalationen.
- Es ist auch eine Plattform um Management Unterstützung anzufordern.
- Sie sind beim Management bekannt und haben ein besseres „Standing“ in einem Problemfall, denn man weiß, wie Sie arbeiten, und man spürt Ihre Professionalität.

Eine Erfahrung aus der Praxis

Wenn ein Projekt erfolgreich läuft, so liegt das zum einen Teil, vielleicht zum großen Teil an der Vorgehensweise und an der Erfahrung des Projekt-Manager, aber auch das „Review-Board- Meeting“ kann einen nicht unerheblichen Teil dazu beitragen.

Ein „Review“ Ihres Projektes sollte nichts zu tun haben mit dem „Gang nach Canossa“ oder „dem Gang zum Schafott“ „Verteidigungsstrategie“ und ähnliches, obwohl es mir das ein oder andere Mal so vor kam, ich war – Gott sei Dank – bei so einem Meeting nicht der, der den Gang antreten musste. Wenn dem so wäre, so müssten Sie sich einige Gedanken über Ihre Projekt-Führung machen.

Meine Erfahrung in dieser Richtung kommt aus einem Netzwerk Projekt unter der Leitung von Klaus-Dieter Graf (kurz KDG). Er war zu dieser Zeit Vice President einer amerikanischen Telefongesellschaft und somit mein Auftraggeber und Sponsor.

Wir vereinbarten ein monatliches Review-Board-Meeting. Die Teilnehmer waren er selbst, zwei weitere Manager, mein Co-Projekt-Manager Stefan Sch. und ich als verantwortlicher Projekt-Manager.

Meetings unter KDG waren nie ein „Gang nach Canossa“.

Ich bereitete einen Status vor der einen Standard Zeitplan enthielt, sowie eine Grafik wie - auf Seite 125 - gezeigt. Hier konnte man schnell die diskussionswürdigen Punkte ersehen und ich ging zur tabellarischen Problem Liste über, gefolgt von der offenen Punkte Tabelle.

Mit den Zwischenfragen von KDG, der die Probleme natürlich sofort erkannte, wurden sofort weitere offene Punkte erkennbar, die ich sofort aufnahm.

Nach der Präsentation ging er sofort zu seinem „White Board“ und begann seine „Gedankenwelt“ zu präsentieren, um ein gemeinsames Verständnis sicherzustellen. Dieses Vorgehen und sein Weitblick überraschten mich jedes Mal wieder. Es war für mich immer wie eine Lehrstunde im Visualisieren und Analysieren und es war gut für den Projekt-Fortschritt, das war mir nach dem ersten Meeting schon klar geworden. Alleine dadurch wurden Probleme kleiner, machbar und die Lösung war nicht mehr weit entfernt.

Zum Schluss kam dann von KDG immer die Fragen, die mich jedes Mal erstaunen ließen.

Was kann ich tun?

Was muss ich mitnehmen?

Er konnte die Frage stellen, denn er war an der „Schaltstelle“ und konnte etwas bewegen, ja er war interessiert, dass SEIN Projekt erfolgreich wird.

Dieses Vorgehen und diese Fähigkeiten habe ich in meiner Laufbahn selten gesehen. Das war „handwerklich“ hervorragende Managementarbeit. Dieses Vorgehen hat ganz sicher mit Begabung zu tun. **(Siehe Kapitel 10).**

Wenn mein Buch auch ein wenig Lehrbuch sein kann, so darf diese Geschichte auf keinen Fall fehlen.

6.5 Projekt-Pläne

Allgemeines

Jedes Projekt hat unterschiedliche Notwendigkeiten der Planung. Es können unterschiedliche Anforderungen seitens des Managements gestellt werden, oder Sie als Projekt Manager benötigen eine besondere Sicht für die Planung. Somit können je nach Projekt unterschiedliche oder mehrere Planungstools bzw. Anwendungen zum Einsatz kommen.

Drei Dinge sollten Sie bei der Auswahl auf jeden Fall beachten:

- die Aussagefähigkeit der Planungsdokumentation;
- die schnelle Lesbarkeit der Planungsdokumentation;
- den Zeitaufwand, der für die Planung benötigt wird.

Nehmen Sie nicht automatisch ein Produkt, nur weil das jeder kennt. Prüfen Sie mehrere, behalten Sie das Beste.

Eine Devise lautet:

So viel planen wie notwendig, so wenig planen wie möglich.

Zum ersten Teil der Devise:

So viel wie notwendig:

Die Frage: Wer benötigt was?

Erstellen Sie ein „Set“, das Sie dringend zur Projekt-Steuerung und für Ihre Meetings benötigen, ansonsten warten Sie ab, welche Forderungen von einem Kontrollgremium kommen oder vom Controller erwartet werden.

Sollten keine Anfragen nach Plänen kommen, so haben Sie alle Kreativität, das Review-Board mit Ihren Übersichten zu überraschen.

Wenn keine Anfrage nach Zahlen zur finanziellen Steuerung kommt, beginnen Sie sehr bald mit einer eigenen EXCEL Controlling-Tabelle, denn der Tag wird kommen, an dem Sie jemand nach Zahlen fragt.

Wenn Sie bei der Frage eines Controllers aus dem Management: „Wann kann ich Zahlen bekommen“, die Gegenfrage stellen können „Reicht es Ihnen morgen früh um neun Uhr“, so können Sie sogar durch das Telefon das Erstaunen der Person ausmachen.

Zum zweiten Teil der Devise:

So wenig planen wie möglich:

Planen Sie nur so viel, wie Sie und das Projekt für eine gute Übersicht und Steuerung benötigen. Investieren Sie so wenig Zeit wie möglich, um frei zu sein für andere, wichtige Dinge im Projekt - wie schon erwähnt.

Fragen:

Wie kann ich die Planung übersichtlich und aussagefähig gestalten?

Wie kann ich eine managementgerechte Planung und entsprechende Kontrolle bewerkstelligen?

Ich möchte hier einige Beispiele aus der Praxis aufzeigen. Diesen Fakten möchte ich eine Anekdote voranstellen, die ich bei einer Projekt-Management-Beratung erlebte, bei der die Projektplanung eine große Rolle spielte.

Eine Beratungsaufgabe

Ich war wieder einmal unterwegs in Sachen Projekt-Management-Beratung. Das Projekt war außer Kontrolle geraten, der Zeitplan wurde nicht mehr eingehalten.

Nach einer ersten Analyse konnte ich nicht übersehen, mit welcher Begeisterung mir der Projekt-Manager seine Planung zeigte bzw. vorführte. Er hatte die „perfekte Projektplanung“ aufgesetzt. Ich hatte vorher noch nie jemanden kennengelernt, der eine Projekt-Steuerungssoftware, eine Software eines namhaften Herstellers, in solcher Perfektion beherrschte und auch ausführte.

Das Problem dabei war, er benötigte dazu nahezu den ganzen Tag, die ganze Woche, die meiste Zeit seiner Tätigkeit, um sein „Kunstwerk“ „up-to-date“ zu halten, und so fand er kaum Zeit, sich um das Wesentliche, um **die Projektleitung,** zu kümmern.

Er plante jeden Tag, ja jede Stunde, jeden Mitarbeiter, jede noch so kleine Projekt-Aufgabe. Er war einfach eingetaucht in die Möglichkeiten dieser Planungsanwendung, und so war er aber auch für das Projekt verschwunden.

Bevor ich mich näher und weiter der Projektleitungsproblematik widmen konnte, war es Zeit zum Mittagessen.

Ein Mittagessen

Ich kann wirklich nicht umhin, folgendes Erlebnis aufzuschreiben, das ich bei einem Reiseveranstalter in Frankfurt hatte.

Wenn man dort sein Mittagessen einnehmen wollte, so ging man nicht einfach in eine Kantine, sondern man speiste in einem hallenähnlichen Bereich eines imposanten Neubaues, einer Art „Wellness Oase“ mit Palmen, riesigen hohen Glasflächen und einem wunderschönen, künstlich angelegten See.

Der Architekt hat diesen See mit einem geschwungenen Seeufer angelegt, das Wasser reichte bis an die Tische. Nachdem mein Kollege und ich die Tabletts mit dem köstlichen „Südsee“-Mahl beladen hatten, ging mein Mitstreiter voraus zu einem vermeintlich freien Tisch, den er erspäht hatte. Auf Grund der behinderten Sichtverhältnisse durch das Tablett bemerkte er die Krümmung des Seeufers nicht, die mit jedem Schritt näher kam. Es kam, wie es kommen musste. Ohne dies zu bemerken, kam er an den Rand des Sees und landete mit dem nächsten, unheilbringenden Schritt in der „Südsee“, im kühlen oder fast warmen Nass.

Die Reaktion im Unterbewusstsein verankert, ließ mein Kollege das voll beladene Tablett im Fallen mit einer gekonnten Vorwärtsbewegung los. So klatschte es auf die Wasseroberfläche und mutierte zu einem Surfbrett. Durch die „zufällige“ Eigenschaft des Tablettes, sich über Wasser zu halten, glitt die Konstruktion sekundenlang übers Wasser, um dann mit Mann und Maus (Besteck, Teller, Servietten und Glas) unterzugehen. Alleine der Suppenteller hielt sich noch wacker weitere Sekunden, wie ein Rettungsboot über Wasser, bis auch dieser verschwand. Der „Unglücksknabe“ versank der Länge nach in den „Fluten“. Gott sei Dank war der „Meeresgrund“ nach nur 30 Zentimetern erreicht. Nun raffte sich mein Kollege auf und kniete triefend nass im See. Weil die Situationskomik immer noch manchmal einen draufsetzt, verlor er obendrein auch noch seine Brille beim Eintauchen ins „Meer“. Verzweifelt suchte er den Seegrund nach seiner Sehhilfe ab. Nachdem er diese ertastet hatte, musste die seenasse Brille erst noch geputzt werden, bevor er der unangenehmen Situation entsteigen konnte. Immer noch im Wasser kniend und triefend, nahm er die Reinigungszeremonie der Brille vor, Charlie Chaplin hätte es nicht besser darstellen können. Wie das Ungeheuer von Loch Ness entstieg mein Kollege dann endgültig triefend nass dem See. Das war an Komik wirklich unübertrefflich.

An Essen war bei den meisten anwesenden Mitarbeitern nicht mehr zu denken, die lagen, bildlich gesehen, flach auf dem Boden und konnten sich vor Lachen kaum noch halten.

Nach der notwendigen Hilfe war ich an diesem Nachmittag nicht mehr in der Lage, auch nur irgendeine Arbeit zu leisten. Nach dem dritten Versuch, ein Gespräch zu beginnen, bei dem ich grinsend und lachend den Raum verlassen musste, kamen wir (Kunde und ich) überein, am nächsten Tag weiterzumachen.

Wenn ich diese Geschichte heute erzähle, kommen mir immer noch die Tränen vor Lachen.

Es fällt mir nicht leicht, ein endgültiges Fazit aus dieser Geschichte zu ziehen, aber eines bleibt: „achten Sie immer auf Ihren Weg“ oder „seien Sie stets konzentriert in neuen Umgebungen und in neuen Projekten“.

Die Geschichte taugt neben der Tragik für meinen Kollegen auf jeden Fall zum Lachen, und das erfrischt Geist und Gemüt.

Zurück zu meiner eigentlichen Aufgabe…

Die Analyse der Projekt-Situation war nicht sehr schwierig.

Das Projekt an sich war, nachdem einige „Stellschrauben“ ausgemacht waren, bald wieder auf Kurs. Das eigentliche Problem war die Person des Projekt-Managers. Er vergaß auf Grund seiner Begeisterung für das Planungs-Tool schlichtweg sein Projekt zu steuern. Es wurde ein neuer Projektleiter ernannt.

Die Planung selbst wurde, nach einer Beratung bzw. einer Belehrung über das rechte Augenmaß einer Planung, weiterhin dem ‚Planungsguru’ überlassen. Der begeisterte Planer erhielt zusätzliche Aufgaben außerhalb des Projektes, damit er seinen Aufwand für die Planungstätigkeit reduzieren musste.

… und nun zu einigen Beispielen aus der Praxis

Planung mit einem Balkendiagramm

Jedes Projekt sollte eine grafische Planungsübersicht in Form eines Balkendiagramms haben. Diese Art hat sich bewährt, es bedarf hierzu keiner Erklärung. Wichtig ist auch hier die schnelle und gute Lesbarkeit für die Darstellung bei Meetings.

Alles, was auf ein bis zwei Blatt Papier geht, ist in meinen Augen für Präsentationen optimal dargestellt. Wenn Sie mehr als drei Blätter benötigen, so sollten Sie überlegen, ob es eine andere Möglichkeit der Darstellung gibt. Eine gute Lesbarkeit des SOLL/IST-Vergleiches, des momentanen Status des Projektes und der Aufgaben ist mit einem Balkendiagramm in den meisten Fällen sehr gut zu erreichen.

Wie wir sehen werden, kann es notwendig sein, über diese Darstellung hinaus eine weitere, besser lesbare Aufzeichnungsart zu verwenden.

Es ist wichtig, dass Sie sich immer und schnell zurechtfinden, aber genau so wichtig ist es, dass die Grafik in Meetings übersichtlich, aussagekräftig und leicht lesbar ist. Die Präsentation in Meetings ist wichtiger als man glaubt, sie steigert Ihre Reputation und Ihre Wertschätzung.

Der Detaillierungsgrad ist abhängig vom Zweck.

Soviel Information wie notwendig, so wenig wie möglich!

Die Projekt-Steuerungsanwendung soll Ihnen beim Managen des Projektes helfen, es sollte nicht zu viel Zeit damit verbracht werden und es sollte Sie niemals tyrannisieren.

Planungsbeispiel mit einem Balkendiagramm

Kunde XYZ   Helmut Breuer   18.10.2009

Projektplan – Kunde XYZ

Nr.	Vorgangsname	Dauer
27	**CB**	**16 Tage?**
28	**Permanent Verrechnung**	**16 Tage?**
29	Feinkonzept	4 Tage
30	Entwicklung	9,75 Tage
31	Handover	0 Tage
32	**UB/STM**	**21 Tage**
33	**Verwaltung von Umgebungs**	**7 Tage**
34	Feinkonzept	1 Tag
35	Entwicklung	2 Tage
36	Handover	0 Tage
37	**Priority Orders**	**8,67 Tage**
38	Feinkonzept	0,67 Tage
39	SRM Entwicklung	3,33 Tage
40	-ORAM (UC-Copy)	1 Tag
41	-IF Entwicklung	0,67 Tage
42	-CB Entwicklung	0,67 Tage
43	Handover	0 Tage
44	**Reporting Breakpoint**	**8,58 Tage**
45	Feinkonzept	0,83 Tage
46	STM Entw. Grunddaten	1,25 Tage
47	STM Entw. Order History	2,5 Tage
48	STM Entw. Kennzeichnur	2 Tage
49	SRM Entw. Abweichende	2 Tage
50	-TT-Entw. Ass. History	1 Tag
51	Handover	0 Tage
52	**Order Book Messages**	**4 Tage**
53	Feinkonzept	0,5 Tage
54	Entw. Steuerung Nachric	0,5 Tage
55	Entw. Nachrichten aus T.	1 Tag
56	Entw. Löschen von Aufträ	1 Tag
57	TT Entw. Nachrichten au:	1 Tag
58	Handover	0 Tage

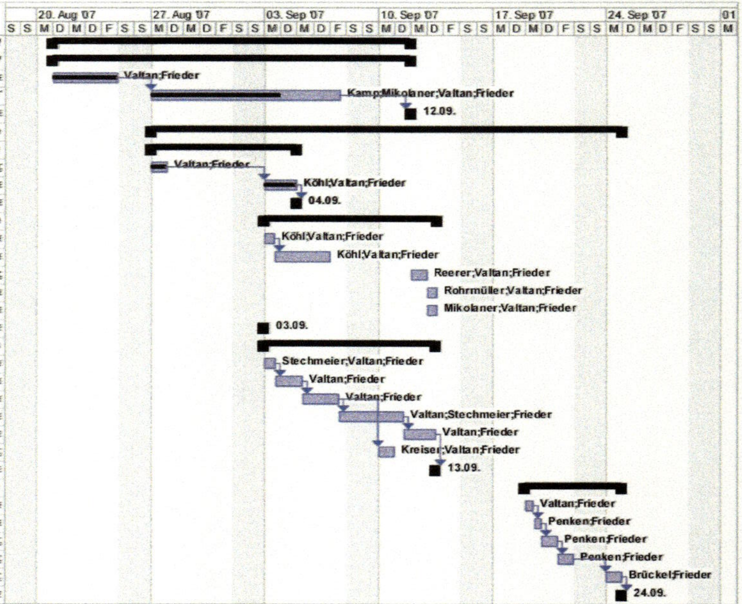

Breuer_Bild_6SW-S115_Plan_Balk-1255870775.doc   Seite 1
von 1

Planung mit einer grafischer Zeichnung

Eine Erfahrung

Mit dem Beginn eines neuen Projektes in 2002 habe ich sofort begonnen, einen Projektplan in der herkömmlichen, meist benutzten Form, mittels eines Balkendiagrames, zu erstellen. Ich stellte bald fest, dass es sich um bis zu 2000 darzustellende Tasks handelte, also 2000 grafische Balken, das würden weit über zwei Meter Papier werden. Wer soll das erstellen, wer soll es pflegen und wer soll das lesen?

Ich druckte einen Teil des Planes demonstrativ aus und benötigte dazu die gesamte Höhe unserer Zimmertür. Das konnte so unmöglich gehen, das kostet zu viel Zeit, ist unmöglich darzustellen und es macht wirklich keinen Sinn, mit so einer Aufzeichnung zu arbeiten. Es würde für die Projektsteuerung nicht nützlich sein und man kann mit dieser Methode den Status des Projektes nicht aufzeigen. Das Vorgehen, die Darstellung ist weder für ein Team-Meeting noch für ein Review-Board-Meeting geeignet.

In diesem Falle ging es um das Projekt, ein weltweites Netzwerk neu aufzubauen. Es handelte sich um 120 Lokationen, jede Lokation hatte Leitungen, Router, Server und so weiter, so dass es mit einem Standard-Tool zu dieser hohen Anzahl von Einträgen, also grafischen Balken, kam.

Der Durchbruch kam mit der Erstellung eines grafischen Status. Ein Projektstatus auf einem Blatt Papier.

Alle Orte des weltweiten Netzwerkes wurden mit farbigen Punkten dargestellt. Diese Grafik war für die Steuerung sehr brauchbar und für das Management als auch für das Team schnell lesbar. Die Projektsituation wurde auf <u>einem</u> Blatt Papier sichtbar.

Die grafische Darstellung (siehe Seite 125) wurde sofort akzeptiert, das Gremium konnte sich in den Statusbesprechungen einen schnellen Überblick verschaffen. Mit einer Farbsymbolik (z.B.

Grün, Gelb, Rot) erreichen Sie eine schnelle Lesbarkeit. Es konnte sich sofort auf die Problempunkte konzentrieren, um anstehende Probleme schneller auf den Punkt zu bringen.

Das Meeting verkürzte sich mit dieser Darstellung wesentlich, die Projekt-Akzeptanz sowie die Akzeptanz mir gegenüber erhöhte sich beim Kunden deutlich, der menschliche Kontakt zu den „Review-Meeting"-Teilnehmer wurde spürbar besser.

Genaugenommen wurde eine anfängliche Ablehnung durch den kundenverantwortlichen Manager mir gegenüber, durch die konsequente Meeting-Führung und die Statusdarstellung soweit verbessert, dass ich eines Tages von dieser Person zum Kaffee eingeladen wurde. Was für ein Erfolg! Ich hatte ein wirklich gutes Gefühl.

Das Projekt wurde erfolgreich abgewickelt.

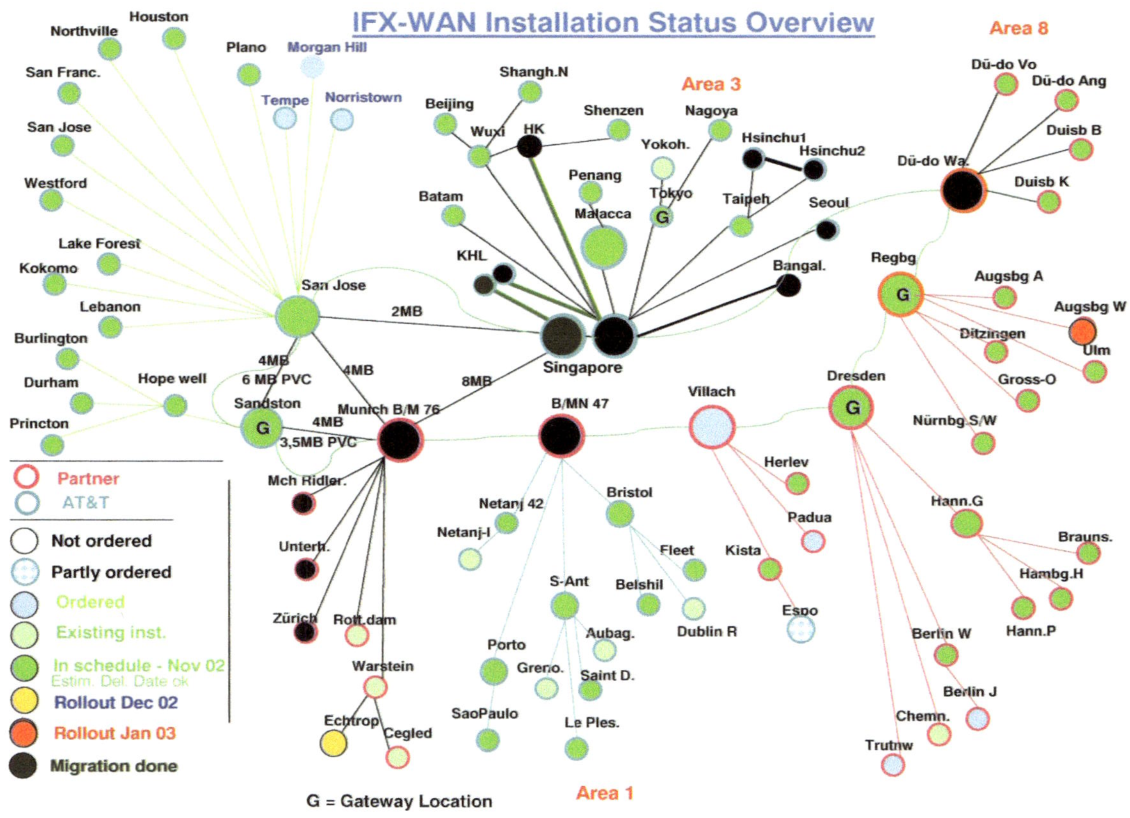
IFX-WAN Installation Status Overview
Area 8
Area 3
Area 1
Houston
Northville
Plano
Morgan Hill
San Franc.
Tempe
Norristown
San Jose
Westford
Lake Forest
Kokomo
Lebanon
Burlington
Durham
Hope well
Princton
San Jose
2MB
4MB
6 MB PVC
4MB
Sandston
4MB
3,5MB PVC
Munich B/M 76
8MB
Singapore
B/MN 47
Villach
Dresden
Regbg
Shangh.N
Beijing
Wuxi
HK
Shenzen
Nagoya
Yokoh.
Tokyo
Penang
Malacca
Batam
KHL
Hsinchu1
Hsinchu2
Taipeh
Seoul
Bangal.
Dü-do Vo
Dü-do Ang
Duisb B
Dü-do Wa.
Duisb K
Augsbg A
Augsbg W
Ditzingen
Ulm
Gross-O
Nürnbg.S/W
Herlev
Padua
Kista
Espo
Hann.G
Brauns.
Hambg.H
Hann.P
Berlin W
Berlin J
Chemn.
Trutnw
Mch Ridler.
Unterh.
Zürich
Rott.dam
Warstein
Echtrop
Cegled
Netanj 42
Netanj-I
Bristol
Fleet
Belshil
Dublin R
S-Ant
Aubag.
Porto
Greno.
Saint D.
SaoPaulo
Le Ples.
Partner
AT&T
Not ordered
Partly ordered
Ordered
Existing inst.
In schedule - Nov 02
Estim. Del. Date ok
Rollout Dec 02
Rollout Jan 03
Migration done
G = Gateway Location

Planung mit einer Tabelle

Ich möchte hier eine weitere Methode zeigen, die sich in der Praxis bewährt hat.

Wie schon erwähnt, bin ich ein Verfechter der „Ein-Blatt“-Methode, wenn immer es geht. Natürlich dürfen es auch mal zwei Blätter sein. Ein Blatt sollte so viel wie möglich Informationen enthalten, aber immer noch übersichtlich sein.

Ich hatte das Problem bei einem Projekt, dass ich mit einem Balkendiagramm nicht alle Informationen auf ein bis zwei Seiten unterbringen konnte. Eine Grafik, wie vorhin gezeigt, konnte hier auch keine Lösung bringen. Not macht erfinderisch. So entwarf ich eine Tabelle, die einem Balkendiagramm glich, wie auf der nächsten Seite illustriert.

Was sind die Vorteile:

- Man kann mit verschiedenen Farben arbeiten;
- Informationen lassen sich in den Zellen einarbeiten;
- Man kann mit Zahlen kalkulieren.

Diese Möglichkeiten sind mit herkömmlichen Balkendiagramm-Tools nicht gegeben. Vielleicht kommt das noch.

Eine Übersicht auf einer Seite!

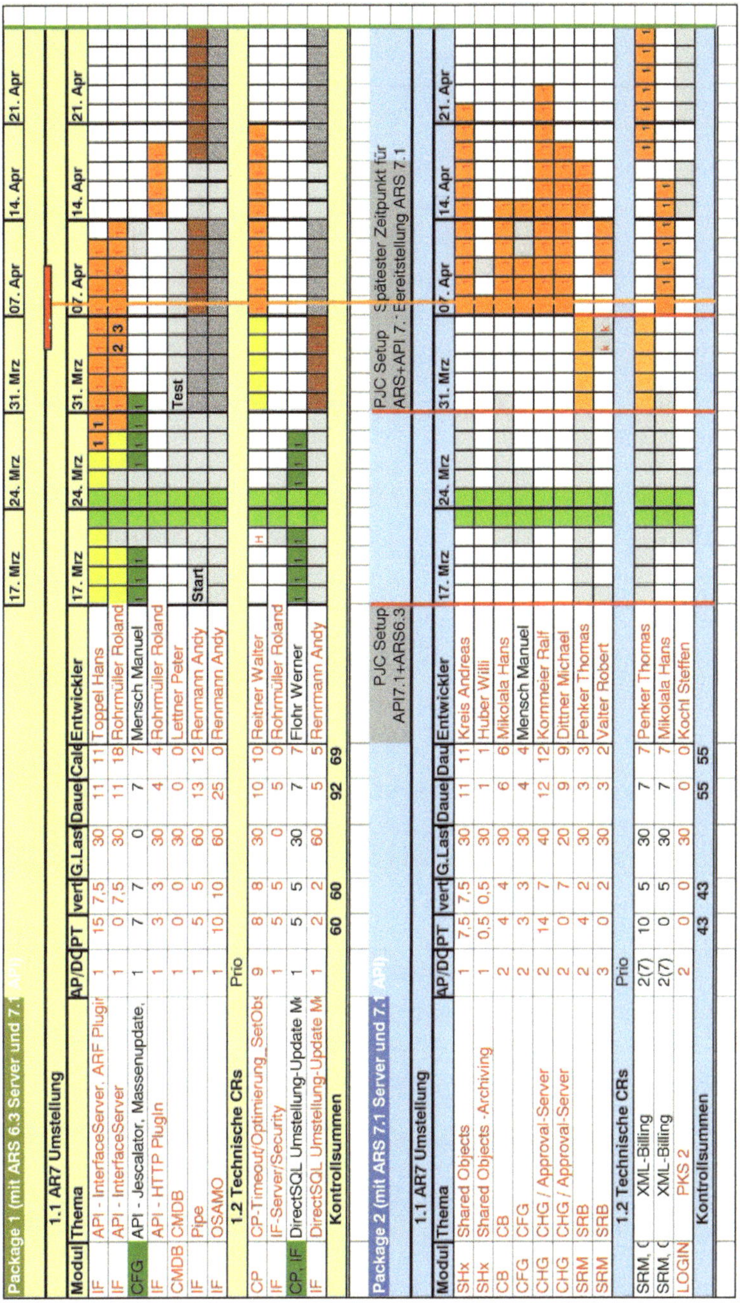

Schnelle Lesbarkeit der Darstellung ist immer wichtig!
Ich möchte nochmals betonen, dass es keine einheitliche Darstellung einer Projektübersicht gibt. Seien Sie kreativ, es gibt sicher weitere Hilfsmittel.

Planungstool auf einem Server

Ich leitete wieder einmal ein Projekt bei einem großen Kunden. Mein Projekt-Plan war einfach, übersichtlich und gut lesbar auf mehreren, nicht zu vielen Seiten. Projektpläne für die tägliche Arbeit kann man selten auf einem Blatt unterbringen. Die Einblatt-Methode sehe ich wichtig für Präsentationen und Meetings.

Vom Management kam die Idee, alle Projekte zentral über eine Software auf einem Server übersichtlich darzustellen. Es sollte eine Management-Übersicht werden.

Ich habe meine Erfahrungen mit dieser Methode gesammelt. Diese Erfahrungen möchte ich hier aufschreiben, denn sie waren sehr hilfreich und sehr lehrreich.

Wie heißt es doch in einem alten Schlager – **„Die Fahrt zum Mond hat sich gelohnt"**. Jetzt weiß die Wissenschaft ganz genau und ganz gewissenhaft, dass sich die Fahrt zum Mond **nicht** lohnt. Darum hat sich die Fahrt zum Mond **doch** gelohnt.

Wenn in einem Konzern oder einem großen Unternehmen weit über 10 Projekte gleichzeitig zu steuern sind, kann man darüber nachdenken, ein Planungstool auf einem Server einzusetzen.

Was sind die Vorteile ?

Das Top-Management hätte schnelle und übersichtliche Online-Informationen täglich aktuell auf dem Bildschirm – hört sich gut an, ist theoretisch auch eine sehr gute Sache.

In der Praxis sieht es allerdings so aus:

- Das Management schaut sich diese Übersicht auf dem PC nicht oder selten an!

- Das Management hat dafür nicht die notwendige Zeit und will auch nicht täglich darauf reagieren! Zu diesem Zweck leistet sich das Management Kontrolleure oder Assistenten.

- Das Management möchte einmal im Monat an einem Reviewboard-Meeting teilnehmen, um dort den aktuellen Status zu bekommen und Aktionen einzuleiten.

- Sollte es mal brennen, so ist es die Pflicht des Projekt-Managers, auf das verantwortliche Management zuzugehen.

Die Nachteile:

- Für die Anwendung, für Lizenzen und für den Server entstehen hohe Kosten.

- Es muss eine Abteilung gefunden werden, die den Aufwand trägt. In meinem Fall wurde diese Aufgabe irgendwo abgeladen, keiner wollte den Aufwand tragen und keiner identifizierte sich damit. Programm-Management oder IT-Administration wären die richtige Stelle gewesen.

- Weiter gibt es einen nicht unerheblichen Administrationsaufwand, der von ein bis zwei Personen abgedeckt werden muss.

- Der Projekt-Manager hat keinen eigenen, auf seine Bedürfnisse anpassungsfähigen Plan mehr, da die Aktualität und das Aussehen des Planes der zentralen Steuerung obliegen. Somit hat er nicht mehr die gewünschte Übersicht und ist in der Planung nicht flexibel. Die Projekt-Steuerung wird zunehmend schwieriger, der Arbeitsaufwand für den Projekt-Manager steigt.

- Es entsteht weiter ein hoher Schulungsaufwand.

- Es gibt eine lange Einführungszeit, bis das Konstrukt funktioniert.

- Das Reporting ist leider nicht flexibel, schwer modifizierbar und die Aussagen sind obendrein nicht immer der Wirklichkeit entsprechend.

- Der Projekt-Manager ist genervt. Das war ich!

Bottom Line

Weisen Sie die zuständigen Leute auf die Problematik hin. Wird trotzdem gewünscht, eine zentrale Projekt-Planung zu initiieren, dokumentieren Sie Ihre Bedenken und fordern Sie ein eindeutiges, überzeugendes Konzept, damit Ihre Arbeit nicht behindert wird. Diese Methode sollte mindestens zeitneutral für Sie ablaufen.

6.6 Hinweise zum „Tracking“ eines Projektes

Die Projekt-Überprüfung ist ein Thema, das auch in das Kapitel Information hineinspielt, ebenso ist es ein Teil des Risiko-Managements.

Überprüfen Sie, wie schon erwähnt, öfters die Teil-Ziele eines jeden Projekt-Mitarbeiters. Legen Sie einen Turnus fest, z.B. Dienstag und Donnerstag, damit die Teammitglieder sich darauf einstellen können. Eine Überprüfung ohne Ankündigung ist jedoch auch immer wieder notwendig und hilfreich.

Prüfen Sie anhand eines Projekt-Planes, ob Ihre Mitarbeiterinnen und Mitarbeiter auf dem gleichen Weg sind, auf einem Weg, den Sie sich vorstellen.

Fragen Sie nach, immer wieder, auch wenn es scheint, als ob alles in Ordnung und klar wäre, denn durch die Antwort wird nicht nur Ihnen, sondern auch Ihren Mitarbeitern so manches klar, da das Gesagte im Gehirn wieder anders visualisiert wird. So stellt sich manchmal heraus, dass die Kollegin oder der Kollege eventuell auf der falschen Spur ist oder eine Aufgabe nicht ganz verstanden hat, oder die Aufgabe hat sich verändert, und so kann es zu einer ungewollten Eigendynamik kommen.

Auch das ist wieder ein Teil des eigenen Früh-Warn-Systems, des Risiko-Managements.

Ausführliche Hinweise zur Visualisierung finden Sie im nächsten Kapitel.

7 Die Visualisierung des Projektes

Die Visualisierung oder das Sichtbarmachen von Projekten, Abläufen, Situationen oder Problemen ist sehr wichtig und kann den Projekt-Fortschritt erheblich verbessern und das Entstehen von Problemen verhindern.

Das Sichtbarmachen von Projekten

- Versuchen Sie, neben den Plänen auch Projekt-Fortschritte grafisch sichtbar zu machen. Eine aktuelle Wandzeichnung, mit der Aussage wo Sie mit dem Projekt stehen ist, informativ und wirkt motivierend auf die Projekt-Mitarbeiter.

- Suchen Sie nach messbaren Werten die für so eine Darstellung geeignet sind, dies hilft Ihnen, das Projekt zu beleben.

Das Sichtbarmachen von Problemen

Die Kunst, ein Bild einer Problem-Situation zu malen, um diese Information anderen zu zeigen, ist nicht sehr verbreitet.

Wenn Sie einen Ablauf oder ein entstehendes Problem nicht verstehen, malen Sie ein Bild der Situation, holen Sie sich Fachleute an eine Wandtafel, an den Flipchart und entwickeln Sie das Bild. Zeichnen SIE das Bild und lassen Sie andere die Korrektur vornehmen.

Sie werden staunen, was das für Ergebnisse bringt. Das Bild wird wahrscheinlich einige Male korrigiert, da es am Anfang vielleicht falsch war, das stellt aber kein Problem dar, es ist sogar kreative Arbeit. Ein Bild dient dazu, dass auch andere Personen über ein Problem, eine Situation nachdenken und dieses ggf. korrigieren.

Wenn Sie ein Problem sichtbar machen und Sie sich einen Mitarbeiter dazu holen, so motivieren Sie ihn zugleich. Er wird in den Mittelpunkt gerückt und wird sein Wissen gerne preisgeben. Ungefragt kommen Sie selten an das Wissen der Fachleute. Jemanden um Rat zu fragen erhebt den Anderen in einen geistig höheren Stand, das ist eine große Motivation.

Ein Bild sagt mehr als 1000 Worte. Das Sprichwort ist sicher allen bekannt.

Ein Bild sagt viel aus. Mit der Existenz eines Bildes, das für alle Beteiligten sichtbar wird, wird in allen Köpfen das eigene Bild meistens korrigiert. Nun existiert bei allen beteiligten Personen annähernd das gleiche Bild im Gehirn. Davor hat jeder sein eigenes Bild abgespeichert, seine eigene Version, seine eigene Vision, vielleicht sein eigenes Wunschbild, das eventuell sogar nicht mal fertig ausgearbeitet ist.

Das Projekt kann damit leicht in Schieflage geraten.

Nach dem Sichtbarmachen hat anschließend jeder das gleiche Bild im Kopf, alle konzentrieren sich auf ein Bild, alle arbeiten anschließend mit diesem Bild weiter!

Und wenn es geht, beschränken Sie sich auf ein Blatt Papier!

7.1 Wann sollten Sie etwas sichtbar machen?

- Sobald es Diskussionen gibt über ein Thema und keine Klarheit erkennbar ist

- sobald längere Zeit über ein Problem diskutiert wird. Brechen Sie die Diskussion ab und gehen Sie zur Tafel oder zum ‚Flip-Chart' und beginnen Sie das Malen
- wenn etwas nicht von allen verstanden wird, aber das gemeinsame Verständnis für das Erreichen des Projektziels

notwendig ist

- wenn Sie etwas nicht verstehen.
  Oft ist es so, dass andere der selbe Diskussion über ein Problem auch nicht folgen können, leisten aber selbst keinen eigenen Beitrag dazu, da deren eigenes Bild während des Gespräches auch immer unklarer geworden ist. Greifen Sie ein und fangen Sie and ein Bild zu malen, die Situation wird sich klären.

7.2 Was sollten Sie visualisieren?

- Prozesse
- Projekt-Teilbereiche
- Probleme

7.3 Wie sollten Sie visualisieren?

- Benutzen Sie zum Entwickeln eines Ablaufes/Prozesses ein Flipchart, ein ‚Whiteboard' oder auch nur ein Blatt Papier.

- Schreiben Sie so groß wie möglich, schreiben Sie deutlich und lesbar, benutzen Sie Farben.

- Schreiben Sie am Flip nicht klein und schreiben Sie nicht in einer Ecke, denn das bedeutet, ich trau mich nicht meine Information allen kund zu tun.

- Lassen Sie sich nicht durch Diskussionen, von Ihrem Weg ein Bild zu Papier zu bringen, abbringen.

- Wenn möglich, entwickeln Sie das Bild mit einer, aber maximal mit zwei Personen, mehrere Personen bringen nicht mehr Klarheit, sondern mehr Diskussionen.

- Wenn das Bild fertig ist, gehen Sie das Ergebnis mit weiteren Personen durch und korrigieren Sie das Bild gegebenenfalls.

- Visualisieren kann man mittels einer Grafik oder mit Tabellen, aber auch in schriftlicher Form (auf der nächsten Seite sind zwei Beispiele hinterlegt).

Visualisierung Beispiel 1

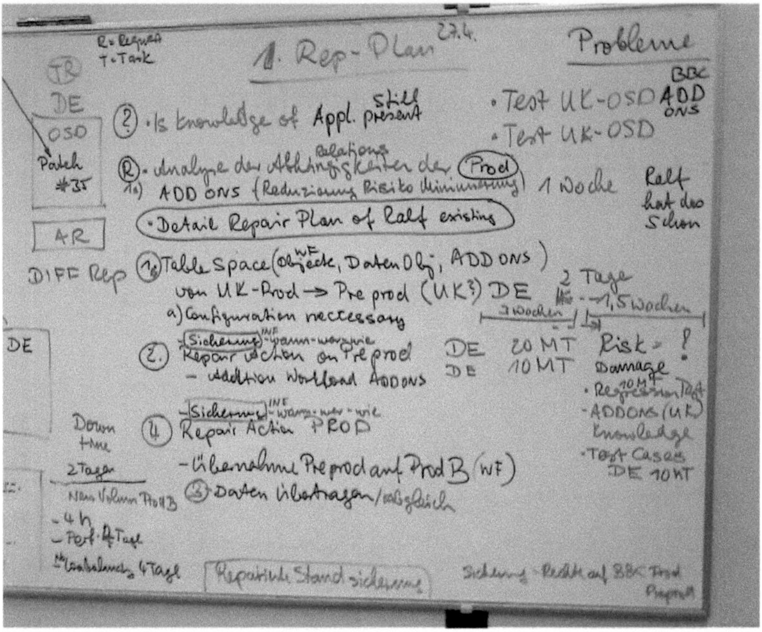

Visualisierung Beispiel 2

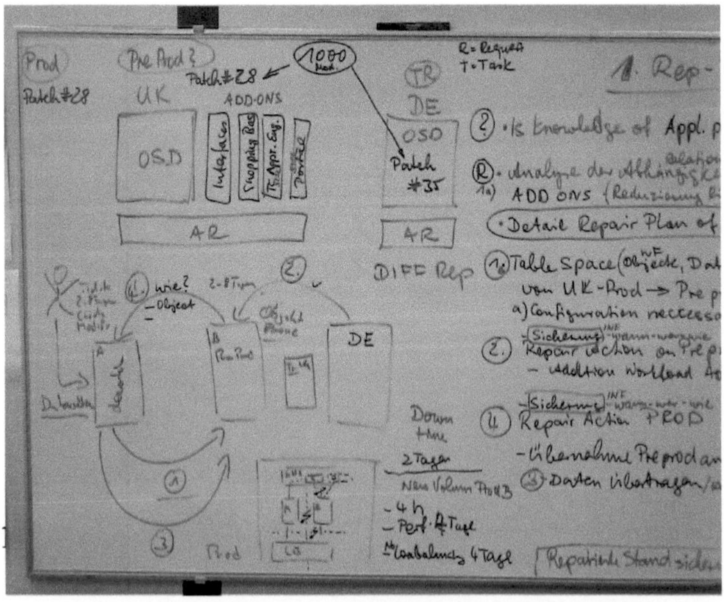

Eine bemerkenswerte Geschichte zum Thema „Visualisierung“.

Ich wurde von einer namhaften IT-Firma zu Hilfe gerufen. Ich sollte mir ihre „Problem- und Änderungs-Management“-Anwendung anschauen bei der eine kundenspezifische Anpassung vorgenommen wurde. Dem Management wurde von Benutzer-Seite Unzufriedenheit zugetragen. Die Situation war somit schon prekär.

Das Unternehmen benötigte Beratung und Unterstützung. Das Management für diesen Bereich war mit der momentanen Situation und auch den resultierenden Kosten unzufrieden geworden.

Ich wurde von Herrn Huber (Name geändert), einem sehr freundlichen, lustigen, aber ebenso kritischen Mitarbeiter, empfangen. Herr Huber war Leiter dieser Software-Entwicklungsabteilung.

Bald stellte ich fest, wo der Haken war. Es fehlte an einer konsequenten Leitung, es fehlten Aufzeichnungen über den Status und über die eigenen Probleme. Der momentane Status der Anwendung war nicht ersichtlich. Die Problematik der Anwendung wurde einfach nicht sichtbar gemacht und konnte somit dem Management auch nicht mitgeteilt werden. Das Management hatte leider auf keinem „Controlling“ in dieser Richtung bestanden.

Probleme können zur Projekt-Katastrophe werden, wenn einige schwerwiegende Schwächen/Defizite zusammen kommen.

Hier waren es ungenügende Kontrolle der Arbeitsabläufe und mangelnde Abteilungsführung.

Nun weiter mit der Geschichte.

Ich machte mich daran, die Situation sichtbar zu machen und begann neben Tabellen auch (Power Point) Bilder zu entwickeln, zu malen. Nachdem das Gesamtbild sichtbar war und es an die Umsetzung der Ergebnisse der Analyse ging, wurde der Leiter der Abteilung, Herr Huber, gefragt, ob meine Arbeit bei ihm positiv ankäme. Herr Huber antwortete geradeheraus, er finde, dass ich nur Bilder malen würde und für diese Tätigkeit viel zu teuer wäre; das könnten doch auch Studenten oder Auszubildende machen.

Wenn man eine Analyse durchführt, so ist es unmöglich, einem anderen den Auftrag zu geben, seine eigenen, im Kopf erarbeiteten Bilder von anderen visualisieren zu lassen. Das geht auf gar keinen Fall. Man kann von einem Werkstudenten seine eigenen handschriftlichen Zeichnungen in PC-Grafiken überführen lassen, aber nicht das Gedankengut.

Herr Huber konnte sich leider nicht vorstellen, wie wichtig es ist, die Situation sichtbar zu machen, und welche Aussagekraft von Bildern ausgeht. Dass es auf den Inhalt ankommt und weniger auf die Farben, war ihm anscheinend nicht klar geworden. Nur ein Insider, der mit der gesamten Materie, also auch der Analyse, vertraut ist, kann das zu Papier bringen.

Die Aussage von Herrn Huber war höchst unprofessionell. So ein „Statement“ kann nur von jemandem kommen, der noch nie ein „Bild“ gemalt hat, und noch nie eine Situation auf diesem Wege analysiert hat.

Das Management war sichtlich irritiert über die unqualifizierte Aussage. Meine Analyse leistete anschließend noch gute Dienste.

Ein Help Desk-Projekt in den Niederlanden

Bei einem großen amerikanischen Telefon- und Netzanbieter habe ich das User-Help-Desk in den Niederlanden, nahe Amsterdam, analysiert und die Prozesse sichtbar gemacht. Ich habe während der Befragung verschiedener Mitarbeiterinnen und Mitarbeiter ein Ablauf-Bild entwickelt und gezeichnet, um die Zusammenhänge besser zu verstehen, um sie sichtbar zu machen. Anschließend bin ich mit den einzelnen Mitarbeitern dieses Bild, den Prozessablauf des Help Desks, noch einmal durchgegangen. Mit Hilfe eines jeden Befragten wurde der Prozessablauf nach und nach ergänzt und geändert. Die Korrektur des Bildes wurde immer wieder notwendig. Das Resultat war ein Prozessdiagramm, das jeder nachvollziehen konnte.

Ich übergab die Dokumentation meiner Analyse der Help Desk-Leitung. Ich dokumentierte mögliche Schwachpunkte aus meiner Sicht, erarbeitete Lösungsvorschläge und brachte die Prozess-Grafiken des Help Desks zu Papier. Die Arbeit wurde wohlwollend entgegengenommen, der Auftrag war erledigt.

Nach einigen Monaten traf ich an besagtem Standort eine Befragte in der „Raucherpause" wieder. Sie konnte sich noch an mich erinnern und erzählte voller Stolz, dass sie die Prozess-Grafiken nutzen, wenn sie einen neuen Mitarbeiter in ihrem Help Desk einarbeiten. Diese grafischen Prozessbilder seien für das Einweisen sehr nützlich und erleichtern die Einarbeitung.

Die Leitung des Help Desk berichtete mir ebenfalls, dass sie meine Grafiken immer dann zeigen, wenn sie einen neuen Kunden gewinnen wollen. Das hat mich schon sehr gefreut und mir bestätigt, dass die Visualisierung ein guter professioneller Weg ist, vielleicht sogar der Beste Weg.

Grafisches Beispiel Help Desk in Holland

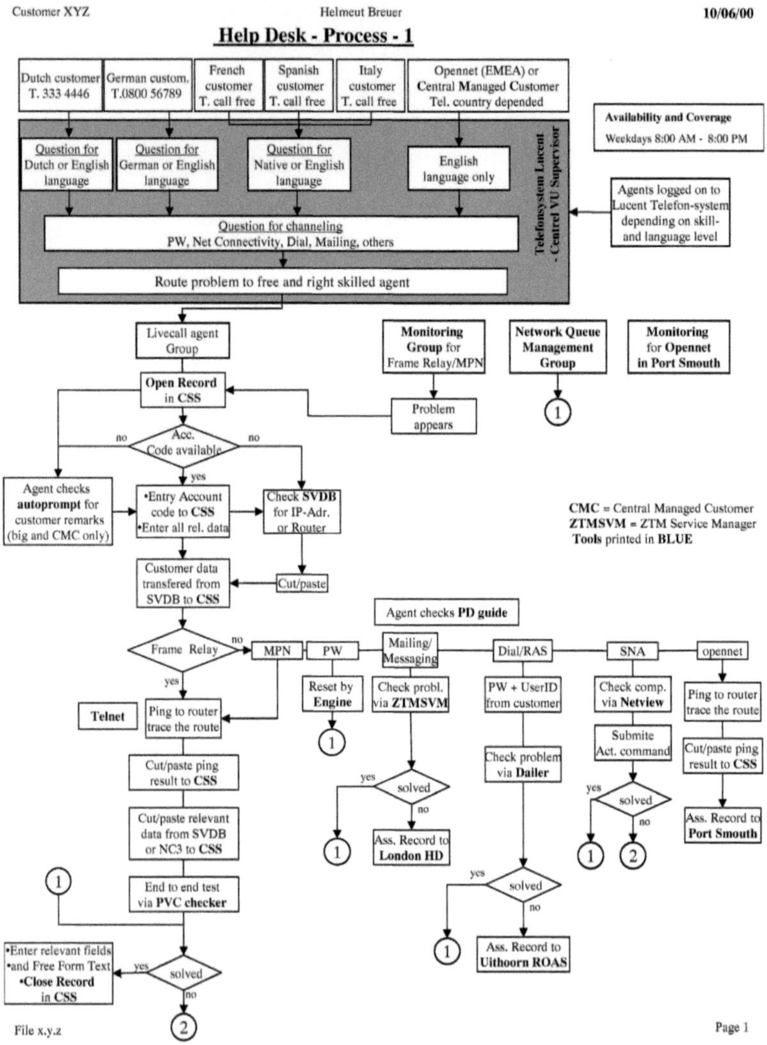

Help Desk - Process - 2

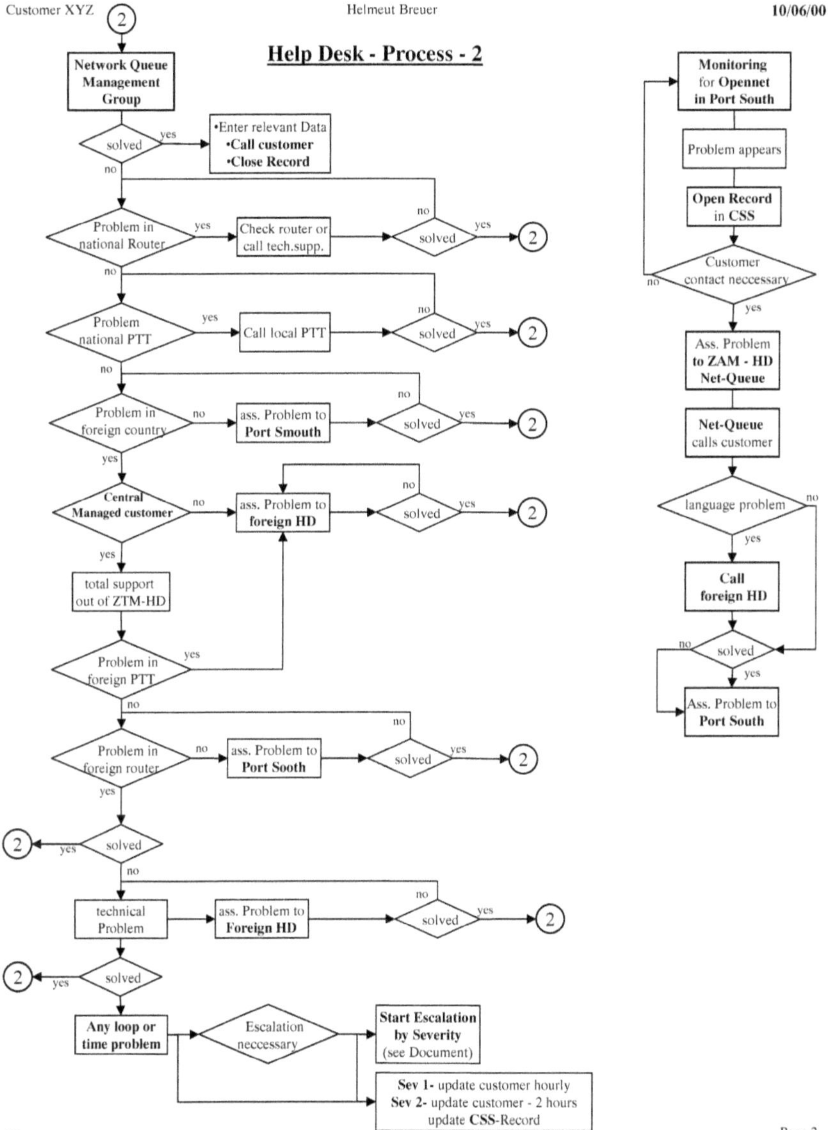

Ein Software Entwicklungsprojekt

Bei diesem Projekt wurde mir die Leitung der Abteilung für Softwareentwicklung übertragen. Zwanzig Software-Spezialisten waren an der Entwicklung bzw. an der Anpassung einer Anwendung für das „Problem- und Change-Management" beteiligt. Die Projekt-Führung bestand aus einem Release-Manager, einem Architekten, einem Test-Manager, dem Programm-Manager und mir.

Es war schon sehr interessant, fast amüsant, wie die wöchentlichen Meetings abliefen, speziell wenn immer wieder von den Servern gesprochen wurde, die wir in großer Zahl verwendet hatten. Es wurde von Details der Ausstattung, von Namen der Zuständigkeiten und Vielem mehr gesprochen und darüber diskutiert. Wie Sie in dem nachfolgenden Bild sehen, war es eine komplexe Infrastruktur, und so konnte ich den ausführenden Spezialisten kaum folgen.

Irgendwann wurde ich unzufrieden ob meiner Unwissenheit. Ich verstand die Ausführungen der Spezialisten nicht und fing an, mir ein Bild zu malen. Ich verbesserte es immer wieder indem ich einigen Leuten das entstehende „Gemälde" zeigte mit der Frage, ob mein Bild richtig sei. Meine ersten Bilder waren natürlich nicht korrekt, aber bei einem der nächsten Meetings hatte ich ein fertiges Bild dabei. Nun konnte ich den Erklärungen der Techniker folgen und schaute während der Diskussion auf mein Bild. Mein Meeting-Nachbar war auf einmal auch an diesem Bild interessiert und bald darauf wollte jeder Teilnehmer diese Zeichnung haben. Da ich diese Aufzeichnung stets auf dem Laufenden hielt, wurde diese die Grundlage für jedes weitere Meeting und auch die Basis für das gesamte Projekt.

Ich konnte nicht verstehen, dass mein Bild ein so positives Echo hatte. Ich war anscheinend nicht der Einzige, der die Zusammenhänge schwer verstand.

Mein Bild wurde alsbald in alle Himmelsrichtungen verteilt und ich war sofort auserkoren, dieses Bild weiter aktuell zu halten.

Das war wieder ein Beispiel einer erfolgreichen Visualisierung!

Ein Blatt Papier, mit allen notwendigen Informationen, alle waren auf dem gleichen Wissensstand und Entscheidungen wurden dadurch erheblich leichter!

Fehler, die vorher an der Tagesordnung waren, wurden so vermieden!

Eine Infrastrukturübersicht

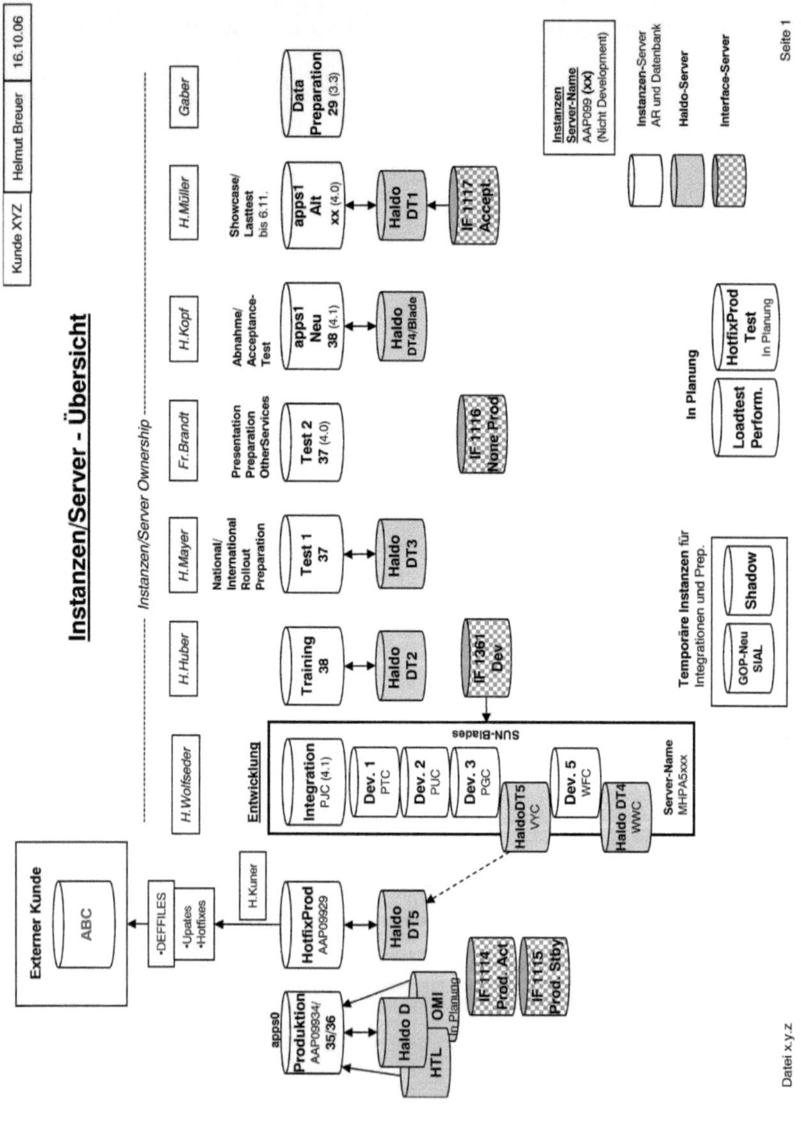

Ein Netzwerk-Projekt in Tunesien

Arbeiten, wo andere Urlaub machen, das wurde mir zuteil in der Stadt Sousse in Tunesien.

Ein Kunde aus Bayern gab unserer Firma den Auftrag, ein Netzwerk in seiner neuen Fabrik in Tunesien aufzubauen, ein sogenanntes LAN.

Das Projekt in Tunesien war mit Mitarbeitern aus 4 Nationen besetzt, und wir hatten mit ebenso vielen Sprachen zu tun. Da die Kundenmitarbeiter nicht gut Englisch sprachen, übersetzte ich die deutschen Aussagen. Die Kollegen aus Tunesien konnten weder Deutsch noch Englisch sprechen, denn die ausführenden Leute waren Franzosen und arabisch sprechende Personen. Ein Glücksfall war es, einen tunesischen Vertriebsmann unserer Auslandsgeschäftsstelle an unserer Seite zu haben, denn er sprach fließend Arabisch, Französisch und Englisch.

Die Meetings liefen somit in vier Sprachen ab.

Da eine dreimalige Weitergabe von Informationen in deutscher Sprache schon Probleme mit sich bringt, konnte ich mir leicht vorstellen, wie das Ergebnis der Weitergabe von Daten in drei Sprachen sein würde.

So begann ich sofort, Bilder der Netzwerk-Konfigurationen zu malen. Nach einigen Korrekturen waren diese Aufzeichnungen unser Arbeitswerkzeug, und alle sahen auf dieselben Bilder. Ein positives Nicken bei den Besprechungen anhand der Bilder oder eine vorgeschlagene Änderung, die in die vorhandenen Zeichnungen eingefügt wurden, erzeugte in mir bald das Gefühl, es könnte so klappen, um die sprachlichen Barrieren gut überwinden zu können.

Die Meetings, die Weitergabe der Informationen und die Kommunikation liefen zur Zufriedenheit aller ab. Hatte jemand eine Frage, einen Änderungsvorschlag, eine Idee, so kam er mit den Zeichnungen an, und so funktionierte die Verständigung, manchmal sogar ohne Dolmetscher.

Wir konnten mit dieser Methode das Projekt erfolgreich steuern und auch gut abschließen.

Ich bin sicher, dass auch hier die Bilder, die Grafiken das Unmögliche möglich gemacht haben.

Network Design for Hungary

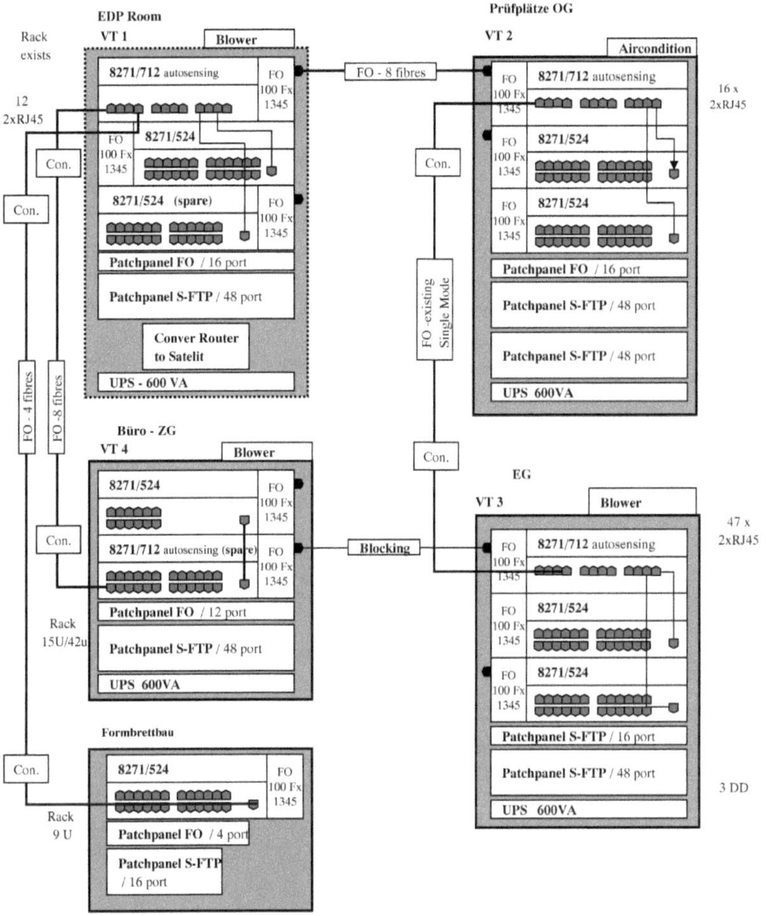

8 Krisen – wenn etwas schief läuft

Wenn Sie zu einem Projekt gerufen werden, das in Schieflage geraten ist, ist das zum einen eine große Ehre, dass man Ihnen die Aufgabe zutraut, zum anderen eine wirkliche Herausforderung.

Die Aufgabe lautet sicher, Sie sollen das Projekt-Management ganz oder temporär übernehmen. Sie sollen das Projekt wieder auf die Strasse bringen. Sie sollen HELFEN …

Was können Sie tun? Wie sollen Sie vorgehen?

Auch dieses Thema möchte ich aus meiner Sicht betrachten, statt bekannte und bestehende Weisheiten neu zu interpretieren.

Der Beginn

Nachdem Ihnen die Situation nähergebracht wurde, wird man Sie fragen, wie Sie das Ganze, das Problem angehen wollen.

Sie sollten ein Konzept, einige Punkte im Kopf parat haben, die Sie adhoc zum Besten geben können. So leisten Sie die erste Überzeugungsarbeit, die Überzeugung, ja, Sie können das!

Das Konzept und Fragen für das erste Meeting im Kopf parat.

Fragen zur momentanen Dokumentation:

- Die Organisationsstrukturen
- Das Projekt-Ziel
- Die Projekt-Struktur
- Den Projekt-Plan
- Vertrag?

Fragen zu Personen:

- Wer ist mein ständiger Ansprechpartner?
- Wer ist der verantwortliche Manager?
- Gibt es ein „Review- Gremium“?

Erste Aktionen heute:

- Die Stimmung im Projekt einfangen.
- Prüfen Sie die Projekt-Organisation.
- Prüfen Sie die Unternehmensstruktur.
- Wer ist der “Sponsor”?
- Wie sichtbar ist das Projekt, die Dokumentation?
- Ist das Ziel des Projektes beschrieben?
- Vereinbaren Sie einen ersten Status-Termin EOB (End of Business Day)!

Es ist wichtig, am Ende des ersten Tages (EOB) ein erstes Meeting mit dem Management zu vereinbaren.

Ziel ist es:

- erste Beobachtungen weiterzugeben;
- das weiteres Vorgehen zu kommunizieren;
- das nächste Meeting festzulegen.

Dieses Meeting schafft Vertrauen und verschafft Ihnen Freiraum für Ihr Vorgehen.

Beginnen Sie Ihre persönliche „Analyse“ und lassen Sie sich nicht unter Zeitdruck bringen. Das geflügelte Wort „Keep cool“ ist hier angebracht,

aber…
Sprechen Sie niemals von … einer Analyse, die Sie machen wollen!

Das Wort „Analyse“ kommt beim Management nicht gut an, nicht in dieser Situation.

Mit dem Wort Analyse verbinden leitende Positionen eine Tätigkeit, die viel Geld kostet, die oft wenig Ergebnis bringt, auf jeden Fall nicht die, die sie erwarten. Obendrein kosten Analysen viel Zeit, und diese haben Sie in diesem Fall sicher nicht. Die Projekt-Verantwortlichen wollen und können sich auf keine wochenlangen Recherchen einlassen, sie wollen nur, dass jemand sehr bald einen Weg aufzeigt, der das Projekt aus der Schieflage bringt.

Manager, die ein Projekt zu verantworten haben, das aus dem Ruder läuft, wollen keine Zeit verlieren, wollen schnell erste Ergebnisse haben, die sie auch nach oben berichten können.

Auf jeden Fall wollen Sie keine „ANALYSEN“.

Sprechen Sie von einer ersten Phase :

- vom Sammeln erster Eindrücke;
- vom Erstellen einer Liste der Sofortmaßnahmen.

von einer zweiten Phase:

- von einer Konzept-Erstellung;
- von einer Aktionsliste;
- von der Erstellung eines Zeitrahmens.

von einer dritten Phase:

- von Umsetzung.

In der Ruhe liegt die Kraft.

Die Ruhe, die Sie an den Tag legen, geht auf die Projekt-Mitarbeiter über, geht auf den projektverantwortlichen Manager über, den Sie unterstützen.

Status-Termine mit dem Management

Gehen Sie schrittweise vor. Konzentrieren Sie sich auf wenige Punkte, die aber mit Erkenntnissen und Ergebnissen unterfüttert sind.
Konzentrieren Sie sich dabei auf einige Punkt, die Ihnen aufgefallen sind und die das Management erkennen lässt, dass Sie einen Blick, ein Gespür für die Situation haben. Zeigen Sie die weiteren Schritte auf, die Sie am nächsten Tag vorhaben. Vereinbaren Sie einen nächsten Termin.

Halten Sie das Management immer informiert!!!

Halten Sie alle Zusagen genau ein. Bereiten Sie alle Meetings gut vor. Seien Sie immer pünktlich.

Bauen Sie eine Vertrauensbasis auf, das minimalisiert den Druck auf Sie und das Projekt.

Dokumentieren Sie alles, auch Ihre Eindrücke in Ihrem eigenen Tagebuch.

Die ersten Schritte Ihrer „Analyse“

Die Stimmung einfangen

Als erstes ist es wichtig, die Stimmung im Projekt einzufangen.
Die einzelnen Stimmungen der Personen ergeben die Gesamtstimmung.

Wie ist die Stimmung im Team? Wie ist die Stimmung, das Verhältnis zum Management? Wie ist die Arbeitsmoral?

Sie werden einige negative Stimmungen einfangen, aber lassen Sie es nicht zu, dass negative Schwingungen auf Sie übergreifen. Sie haben die Chance, das Negative ins Positive zu wandeln.

Herz, Gefühl und Ihre persönliche Stärke, das „Standing“, das sind die wichtigen Elemente in der Krise.

Die Dokumente sichten

Lassen Sie sich alles zeigen, was dokumentiert ist. Das ist stets aussagekräftig, egal wie viel drin steht. Die Dokumentation ist ein Spiegelbild des Projektes und des Projekt-Managers.

Pläne analysieren

Wie schauen die Pläne aus? Sind sie aktuell? Sind sie aussagekräftig? Arbeitet der Projekt-Manager danach, das heißt, benutzt er sie wirklich?
Das sind wichtige Punkt für das erste „Review-Meeting“.

Was könnten die Ursachen für die Schieflage sein?

Der Projekt-Manager kann das Problem sein!

Was macht der Projekt-Manager für einen Eindruck?

Schauen Sie sich den Tagesablauf des Projekt-Managers an.

- Nimmt er seine Aufgaben als Projekt-Manager wirklich wahr?
- Was sind seine „Schokoladenseiten“, sind diese dem Projekt dienlich?
- Wie viel detailliertes Fachwissen hat er?
  Wie viele Fachthemen bearbeitet er selbst?
  Wie viel Zeit investiert er in diese Tätigkeit?

Projekte leiden oft an einem Projekt-Manager mit zu hohem, technischem Fachwissen.

Wenn sein Fachwissen in manchen Bereichen höher ist als das der Mitarbeiter, so kommt er leicht in Versuchung, die technischen Probleme selbst lösen zu wollen, für die seine Projekt-Mitarbeiter eventuell mehr Zeit benötigen würden.

Das Problem dabei ist, dass er sich somit einfach zu wenig Zeit zum Managen des Projektes und zu wenig Zeit für die Personalpolitik nimmt.

Somit hat er auch zu wenig Zeit und zu wenig gedanklichen Freiraum für eines der wichtigsten Aufgaben …

… sein „Frühwarnsystem“ aktiv zu halten.

Das Projekt-Management oder das „Steering Commitee“ könnte das Problem sein.

- Ist ein Projekt-Sponsor gesetzt?
- Ist das Controlling des Projekt-Steuerungsmanagement „in place“ und ausreichend?
- Gibt es ein Controlling? Lachen Sie nicht, ja so was gibt es, dass die Projekt-Kontrolle nicht stattfindet!
- Gibt es statt Kontrolle nur Krisenmeetings?
- Werden Informationen über das Projekt an das Management in ausreichender Form und Qualität weitergegeben?
- Sind die Zielvorgaben vom Management zum Projekt definiert?
- Sind die Zielvorgaben unerfüllbar oder realistisch?

Probleme beim Kunden - Ein Beispiel

Mein früherer Manager Manfred B. übernahm einmal die Verantwortung für einen schwierigen Kunden und war wieder einmal zum Statusmeeting, es war eigentlich ein „Streitmeeting", geladen.

Nach vielen Vorwürfen über eine angeblich mangelhafte Betreuung durch einen unfähigen Manager sowie einer allgemeiner Unzufriedenheit stellte „Manfred B." eine Frage, die mich überraschte:

„Was ist Ihr Ziel? Sie sind mit der Betreuung und mit meiner Person unzufrieden. Wollen Sie statt meiner Person einen neuen Manager haben? Wenn Sie mit mir nicht einverstanden sind, werde ich das sofort einleiten!"

Es war verblüffend, wie viel Kraft in so einer Aussage steckt. Verblüffend, wie viel Klarheit diese Sätze bringen, denn jetzt war eine Entscheidung fällig, sofort und „Face to Face".

Nun war es kurz still geworden beim Gegenüber, und es kam die Aussage, dass die Unzufriedenheit nicht auf ihn gemünzt war. Man einigte sich über eine Einarbeitungszeit und regelmäßige Meetings.

Der „Kunden-Querkopf" flog eine große Kurve, die Fronten waren durch die Sätze geklärt, und seit der Zeit waren die Meetings sachlicher und man kam gut voran.

Sehr gut reagiert, mutig reagiert und ich hatte daraus wieder etwas gelernt!

9 Schulung und Präsentation

9.1 Allgemeines

Es gibt kaum ein Projekt, das nicht eine Schulung oder Einweisung der Mitarbeiter notwendig macht. Einige Erfahrungen darüber möchte ich auch hier berichten.

Wie man einen Unterricht, eine Schulung oder Präsentation aufbaut und abhält, darüber gibt es Studiengänge und viele Ausbildungen, also viel klügere Lehrer, als ich es je sein kann, doch ein paar Hinweise seien mir erlaubt.

Ich habe das Glück gehabt, von meinem damaligen Lehrer Helmut F. in dieses Thema eingewiesen worden zu sein, das Glück oder zur rechten Zeit am rechten Ort zu sein, um bei ihm zu lernen und mir einiges Wichtiges abzuschauen. Woher er alle die Erkenntnisse zur damaligen Zeit hatte, weiß ich nicht, die Fähigkeiten waren einfach da.

Ich denke da nur an die „Tafelarbeit“ von Helmut F. - Schulung an der Tafel wie vor 50 Jahren, mit Kreide und Enthusiasmus. Er begann mit einer leeren Tafel und baute ein schwieriges Thema Stück für Stück auf, sodass es richtig spannend wurde, wie es weiter geht. Er baute so die Teile eines komplizierten Themas zusammen und ließ mit diesem Vorgehen ablenkendes Beiwerk erst einmal weg, um es zur passenden Zeit zu ergänzen.

Mit dieser Methode nahm er seine Schüler mit auf eine Entdeckungsreise, die einzigartig und höchst verständlich war. Er schaffte es, neues Wissen zu vermitteln, Stück für Stück, um dann ein verständliches Ganzes weiter zu gegeben.

Diese Methode war für mich, damals und bis heute, das Beste, was ich erlebt habe. Ich habe mir das einfach abgeschaut und setzte es bei den Schulungen, die ich hielt, um.

Viele hervorragende, ja geniale Fachkräfte schaffen es einfach nicht, zu unterrichten, denn sie können es sich nicht vorstellen, dass jemand weniger weiß als sie selbst.

Es ist eine Kunst, sich mit all dem Wissen, das im eigenen Kopf vorhanden ist, auf ein Niveau zu begeben, auf dem die Schüler oder Kollegen sich gerade befinden. Es ist schwierig, aber niemals unmöglich, dies zu erkunden und sich darauf einzustellen, wo Ihre zu Schulenden stehen.

Es ist notwendig, sensibel zu sein, um herauszufinden, auf welchem Niveau Ihre Zuhörer im Moment sind, denn oft wissen Sie den Wissenstand nicht, der sich derzeit vor Ihnen befindet. Beobachten Sie Ihre „Schüler“ genau, seien Sie weder überheblich noch überfordernd. Das ist die Kunst, sich zu jeder Zeit vorzustellen, zu beobachten, wo Ihr Klientel zu jedem einzelnen Thema steht.

Sie sollten darüber nachdenken, denn die Zeit wird kommen und Sie stehen vor der Aufgabe, dass Sie das, was in Ihrem Projekt entstanden ist, an die Kundenmitarbeiter weiterzugeben haben. Mit einer guten Schulung setzen Sie den Punkt auf das „i“ des Projektes und werden einen bleibenden Eindruck hinterlassen.

Auch hierzu eine Geschichte

Mein ehemaliger Manager rief an und fragte, ob ich mir ein internationales Projekt zutrauen würde. Ich sagte „JA".

Ich sagte bei solchen Situationen immer „JA", da ich mir ein Wachsen mit der Aufgabe vorstellen konnte. Die schon erwähnte Frage kam sofort in meinen Sinn „Was ist das Schlimmste, das mir passieren kann?" Meine Antwort lautete „alsbald zu „KDG" (Klaus-Dieter G.) zu gehen und zu erklären, dass das eine Nummer zu groß wäre". Es kam Gott sei Dank nicht dazu.

Das Projekt, das KDG mir anvertraute, hatte zum Ziel, alle „Help Desks" weltweit mit einer neuen zentralen Monitoring-Software auszustatten. Ich war für Europa zuständig und stürzte mich in eine sehr interessante Aufgabe.

Nach sechs Monaten Projekt-Zeit war die Entwicklung beendet, die Software stand zum „Rollout" bereit und es ging, wie oft in Projekten, darum, die Schulung vorzunehmen und zu organisieren. Dieses Mal war die Aufgabe, die Help Desk-Mitarbeiter für Europa mit der neuen Software vertraut zu machen. Als Projekt-Manager stand es mir an, diese Aufgabe wahrzunehmen. Ich hatte aber junge, sehr gute und motivierte Leute, denen wollte ich die Aufgabe übertragen. Die zwei, die ich auserkoren hatte, waren nicht sehr begeistert, „So was haben wir noch nie gemacht", „Du kannst doch das besser", war der Einwand.

Obwohl man im IT-Bereich selbst im Alter von 55 Jahren noch etwas lernen kann, wollte ich den „youngsters" eine Chance geben, eine Herausforderung zu bewältigen. Ich musste nicht mehr unbedingt ins Rampenlicht, ich wollte die jungen Mitarbeiter fördern und begeistern.

Ich erklärte Ihnen, dass sie ein besseres Fachwissen hätten und in der englischen Sprache gewandter seien als ich. Der nächste Motivationsschub war, wenn sie einmal vorhätten, die Firma zu wechseln, könnten sie ihren aktuellen „CV" (Curriculum Vitae) dahingehend aufwerten, dass sie schon mal eine internationale Schulung abgehalten und die zugehörigen Schulungsunterlagen erstellt hätten, das wäre doch sicher ein großer Vorteil, oder ?

Das hatte gewirkt und sie gingen an die Arbeit. Meine Unterstützung war ihnen gewiss.

Zusätzlich zu den Fachthemen und zur Organisation machte ich mich mit dem Tagungsort, es war die Stadt Mainz, vertraut und übernahm eine englische Führung durch diese interessante Stadt. Das war meine Herausforderung.

Die Schulung wurde ein großer Erfolg, die zwei Projekt-Mitarbeiter waren rundherum begeistert, ja euphorisch gestimmt.

Meine Stadtführung war anscheinend auch OK, da keiner das „Eintrittsgeld“ zurück haben wollte.

Mein Freund Erhard, mein „Englisch-Professor“, wird sicher schmunzeln beim Lesen dieser Zeilen. Er wird meinen Mut hierzu bewundern, da ihm meine englischen Sprachkenntnisse bekannt sind.

Hierzu passt eine meiner Spracherfahrungen–„Hi Guys“.

In einem internationalen Projekt, das wir beide steuerten, war Erhard mein „Kunden-Counterpart“ und auch Lehrer, was die Projekt-Sprache Englisch betraf. Ich hörte seine geschliffenen Vorträge und prägte mir so viel wie möglich ein. Eine Begrüßung am Anfang des Vortrages gefiel mir unter anderem so gut, dass ich sie bei der nächsten Schulung, die ich in Englisch hielt auch benutzen wollte. Es waren die Worte **„Hi Guys“**. Eine freundliche Begrüßung wie mir schien. Dass dies nur eine eher flapsige Begrüßung für Kolleginnen und Kollegen war, erklärte mir Erhard erst, nachdem ich die Begrüßung bei der nächsten Schulung angewandt hatte. Zu meinem Pech hatten sich dazu aber auch die Direktoren dazugesellt, um sich über die Konzeption unseres Vorhabens zu informieren. Die hohen Herren schmunzelten und Erhard versank fast in seinem Stuhl. Heute tragen diese zwei Worte immer noch zu unserer Erheiterung bei, und ich habe gelernt, diese Worte zur rechten Zeit zu benutzen!

9.2 Hinweise zum Präsentieren.

Einige wichtige Präsentationsregeln wurden bereits beim Thema „Visualisierung“ erwähnt, hier sollen einige weitere angeführt werden.

Oftmals muss man an ein Flipchart oder „White Board“ gehen, um etwas sichtbar zu machen, um seinen Kollegen seine Sicht der Dinge zu zeigen. Egal, ob es ein, zwei oder zwanzig Kolleginnen und Kollegen sind, beachten Sie folgendes:

- Schreiben Sie große Buchstaben und Zahlen;
- schreiben Sie deutlich und leserlich;
- beginnen Sie Zeichnungen in der Mitte des Blattes oder der Tafel, Tabellarisches natürlich oben und auch mittig;
- zeigen Sie das, was Sie im Kopf haben, sichtbar und zentral auf dem Flipchart oder an der Tafel;
- denken Sie daran, dass jeder im Raum es lesen können muss;
- deutliche und große Schrift oder Bilder heißen, ich habe etwas zu sagen;
- schreiben Sie niemals kleine Texte in irgendeine Ecke, das sieht aus, als wollten Sie etwas verstecken, das ist nicht selbstbewusst!
- Wenn Sie Ihre schriftliche Aussage am Rand verstecken, verstecken Sie sich selbst.

Ich habe die Vorgehensweise der zwei letzten Punkte doch sehr oft gesehen – es war wirklich kein gutes Bild für einen Projekt-Manager.

10 Begabung und Lernen

10.1 Allgemeines

Eine bestimmte Frage wurde in diesem Buch schon einige Male gestellt: **„Kann ich das lernen?“**

Weitere Fragen stellen sich:

- Welche Begabungen habe ich?
- „Wie viel Begabung benötige ich, um ein guter Projekt- Manager zu werden?
- Wie viel kann ich erlernen?
- Was kann noch geweckt und gefördert werden?

Ein hervorragendes Rüstzeug für diese Tätigkeit sind die Ausbildungszyklen zum Projekt-Manager mit anschließender Zertifizierung, sowie die Absolvierung der Lehrgänge der bekannten Projekt-Management-Methoden „PRINCE2“, „MSP“ oder P30“, auf die ich hier nicht eingehe.

Daneben ist es unabdingbar, Erfahrungen zu sammeln, zu nutzen und das Erlernte zu verbessern. Die Begabung spielt dabei auch eine große Rolle, um ein erfolgreicher Projekt-Manager zu werden.

Beim Managen eines Projektes ist es wie im Leben, wie im Sport, wie im gesamten Business: Höchstleistungen können nur erzielt werden, wenn Begabung, Lernen und Training zu ungefähr gleichen Teilen vorhanden sind.

Wenn Sie irgendwo 100% erreichen wollen, so müssen ca. 50% Begabung vorhanden sein, die zweite Hälfte ist durch Lernen, Fleiß und Wollen zu bewerkstelligen. Durch Training oder Lernen ist es jederzeit möglich, 50% zu erreichen, jedoch ist es niemals möglich, durch Training alleine 100% zu erreichen.

Schon mit 20 bis 30% Begabung und 50% Training werden Sie eine überdurchschnittliche Leistung erbringen, wo immer Sie sich betätigen. Sie liegen damit weit über dem Durchschnitt. Sie würden so auch einen guten Projekt-Manager abgeben.

Worauf begründet sich meine Einschätzung?

10.2 Meine Erfahrung zum Thema Begabung.

Ich wurde zum Dienst in die Bundeswehr gerufen. Nach der Grundausbildung wurde ich einer Fernmeldekompanie zugeordnet und dort in eine Ausbildung zum Horchfunker gesteckt. Der Tagesablauf bestand neben der Technikausbildung zum großen Teil aus dem Erlernen der Zeichen, die ein gewisser Herr Morse erfunden hatte. Punkt und Strich, respektive, langer Ton und kurzer Ton. Also Kopfhörer aufsetzen. Wir begannen mit Tempo 20, d.h. 20 Buchstaben oder Zahlen in einer Minute zu erkennen, die mit langem oder kurzem Ton zu hören waren. Der Erfolg stellte sich bald ein.

Anbei bemerkt - die Konzentration auf das „Di-Di-Di-Da“ hatte den Nebeneffekt, dass bei jedem „Di-Di-Di-Da“, das ich in der Freizeit hörte, von mir versucht wurde, dieses „Getute“ in Morsezeichen umzusetzen. Das war manchmal nervig.

Nun, es machte mir keine Mühe, die gehörten Morsezeichen in Buchstaben und Zahlen zu Papier zu bringen. Den anderen Kameraden erging es ebenso. Das Tempo wurde alsbald erhöht und die Erfolgsergebnisse waren weiter vorhanden. Bei Tempo 60 schlichen sich bei mir die ersten Fehler ein und bei Tempo 80 war die „Schallgrenze“ bei mir erreicht, die Fehlerquote stieg bei noch höherem Tempo. Nun gab es Kollegen, die bei dem Tempo, das mir Probleme bereitete, noch fehlerfrei waren. Bei manchen war die Grenze bei Tempo 90 erreicht, andere stießen bei Tempo 120 an ihre Grenzen. Bass erstaunt war ich, als ein Mitstreiter das Tempo

140 erreichte. Die Tatsache gab mir sehr zu denken, da doch alle die gleichen Startbedingungen hatten und auch die exakt gleiche Trainingszeit.

Das war für mich ein prägendes Erlebnis. Selbst bei gutem Willen kann man seine Leistung durch Lernen nur bis zu einem gewissen Grade steigern. Der endgültige Grad der Steigerung, also die 100% Marke näher zu kommen, hängt von der Begabung ab.

Das gilt für alle Tätigkeiten, im Sport wie im musischen Bereich, und so auch bei der Arbeit.

Bei vorigem Beispiel war es die natürliche Begabung, die Morsezeichen in hoher Geschwindigkeit aufzunehmen und nach einer Zeitverzögerung diese auf das Papier zu bringen. Dieses „Brain-Delay“, diese Begabung, war bei mir nicht angelegt.

Ohne Begabung keine Höchstleitung

Ohne Lernen keine Höchstleitung

Eine Begebenheit – Meine Ernennung zum „Programm-Manager“

„Was ist das Schlimmste, was mir passieren kann“, fragte ich mich wieder einmal, als mich Jörg H. aus der Schweiz anrief, um mir einen Job anzubieten. „Wir suchen einen Programm-Manager für einen Logistik-Konzern in Basel“, vernahm ich am Telefon.

Ich erkundigte mich, was ein Programm-Manager denn so macht. Er managt mehrere Projekte parallel. „Projekte managen“ war für mich kein Thema, die Verantwortung über mehrere Projekte war mir neu. „Gut, dann schaue ich mir das mal an“, und ich vereinbarte ein Treffen mit dem IT-Direktor in Zürich.

Ich legte mir diverse Fragen zurecht, um Näheres zu erfahren. Ich wollte im Gespräch klären, ob ich den Job ausfüllen kann, ob ich die Fähigkeiten mitbringe. Kann ich das „stemmen“?

Das Meeting mit dem Logistik-Direktor verlief aber anders, als ich dachte, denn er erzählte mir alle seine Sorgen und wollte keineswegs wissen, was ich bisher gemacht hatte. Jörg H. hatte mich anscheinend gut platziert. Er „klopfte“ mich auch nicht nach meinen Fähigkeiten ab. Keine Frage ging in die Richtung, ob ich der geeignete Kandidat wäre. Nur zwei Fragen kamen auf mich zu. Erstens, was ich für einen Tagessatz beim letzten Projekt hatte und zweitens, wann ich anfangen könnte.

Die erste Frage war schnell beantwortet, die Antwort auf die zweite Frage war: „Sofort“. Ich fing am darauf folgenden Montag an, ohne Vertrag, wie so oft. Die Information kam später in Form einer Rechnungsanschrift und einer Abrechnungsnummer, das war alles.

Die Aufgaben dieses Programms, die ich an diesem Meeting auf dem Züricher Flughafen nicht in Erfahrung bringen konnte, war die gesamte Software der Konzern-IT-Landschaft zu reorganisieren.

Was dann auf mich zu kam, war NICHT das, was ich konnte, sondern es waren internationale Besprechungen auf hohem Niveau, Verhandlungen über Budget und Marketing, für die meine Englischkenntnisse kaum ausreichten. Ich hatte nicht mehr mit Team-Arbeit zu tun, nicht mehr mit meinen Mitarbeitern, ich war einfach unglücklich und unzufrieden, da ich in diesem Job nicht die hohen Leistungen erbringen konnte, die ich stets von mir selbst erwartet hatte und die in diesem Metier absolut notwendig waren. Ich wollte aber keine „halben Sachen“ abliefern. Ich war wieder mal durchschnittlich, und das wollte ich eigentlich nie mehr wieder sein.

Dieses Mal konnte ich mich nicht in den neuen Job einfach einarbeiten, denn für diesen Job benötigte ich auch Begabung, die ich nicht hatte, ich konnte und mochte den Job nicht machen. Ich wollte nicht irgendwann belächelt werden, also zog ich die Notbremse und ließ mir einen Termin beim IT-Direktor geben.

Eine sofortige Entlassung wäre das Schlimmste gewesen, das mir passieren hätte können, und das wäre damals für mich kein Problem gewesen. Wieder einmal traf das Schlimmste nicht ein. Der Top-Manager hatte für meine ehrliche Aussage vollstes Verständnis und fragte, ob ich trotzdem im Team verbleiben wollte, da er überzeugt sei, ich konnte Gutes leisten. Nun erkundigte ich mich genauer nach der neuen Tätigkeit und bekam dieses Mal eine detaillierte Auskunft.

Meine neue Aufgabe war die globale Trainingsentwicklung und das „Trainings-Rollout" für ein weltumspannendes Software-Produkt, eine kundenspezifische „Problem-Change-Anwendung". Es war ein Teil dieses Programms. Ich hatte ein kleines Team, um diese Aufgabe zu „stemmen" und ging auf in diesem aufregenden, herausfordernden, aber machbaren Teil-Projekt.

Ja, das wollte ich machen, das war wieder mein Metier!

Diese beiden Ereignisse, die ich erlebt habe und die zum Thema Begabung passen, wollte ich hier schildern. Es war gut für mich, die eigenen Grenzen ausloten zu können und zu erkennen was für eine Begabung ich hatte und welche ich nicht besaß.

Was mir bisher dagegen ganz gut gelungen ist, habe ich in diesem Buch versucht zu dokumentieren. - Projekte managen und mit Menschen zu arbeiten, mit Menschen zu leben!

11 Danksagung

Ein Dankeschön zu schreiben ist neu für mich und es ist erstaunlich, wie viele hilfreiche Personen in meinem Leben aufgetaucht sind.

Bei diesem Kapitel, beim danke sagen, wird mir wieder besonders klar, wie wichtig es im Leben ist, **„wie“** man gelebt hat, **„wie“** man gearbeitet hat, **„wie“** man mit seinen Mitmenschen umgegangen ist. Hier spüre ich, dass vor allem der Mensch, der Kollege, der Manager und alle die, die besonders menschlich, vorbildlich gehandelt haben, für immer in Erinnerung bleiben. Es ist vor allen Dingen auch sehr wichtig, **„wie“** man selber bei den anderen in Erinnerung bleibt.

Die Arbeitsthemen, das „WAS“, was man erreicht hat, ist rückwirkend betrachtet eher zweitrangig, es ist das direkte Ergebnis des „WIE“.

Ich möchte mich sehr gerne bei denen bedanken, die mich motiviert haben, dieses Buch zu schreiben und motiviert haben, weiter zu machen. Sollte ich jemanden vergessen haben bitte ich um Nachsicht.

Bei **Rene Wolf**, der mich zum Schreiben ermuntert und auf die Idee gebracht hat, meine lustigen Erlebnisse im Arbeitsumfeld auch in das Buch zu integrieren. So wurden es tatsächlich über 160 Seiten.

Bei **Trude Lear Smith**, der Kusine meiner Frau, die in Chicago lebt und mein Buch zweimal mit dem Rotstift gelesen, Ideen und Formulierungen geändert hat. Sie sagte mir, „schreibe weiter, denn du hast was zu sagen“. Ich hoffe, das sehen andere auch so!

Bei meinem Freund **Erhard Kressierer,** er war der Lektor schlechthin. Wenn Erhard etwas gelesen und korrigiert hat, so ist eine weitere Korrektur kaum mehr notwendig.

Mit Erhard verbindet mich eine lehrreiche Zeit im Projekt AMADEUS. Lehrreich war für mich, seinen Ausführungen in englischer Sprache zu lauschen. Er ist mit dieser Sprache mehr als vertraut, er hatte das Fach studiert. Heute ist er wieder in seinem geliebten Lehramt tätig. Mit diesem Buch hat er wahrscheinlich drei Rotstifte verbraucht. „Tausend Dank".

Ich möchte auch gerne die Kollegen und Manager hier nennen, die mich geprägt haben, von denen ich lernte, und die mich gefördert haben, Sie waren ein Teil meines Weges.

Da war **Manfred Bunzel**, einer meiner ersten Manager, eine tolle Zusammenarbeit, eine gute Führung. Wir haben erfolgreich gearbeitet und auch gefeiert. Folgender Spruch stammt von Manfred: „Die Besten sind wir nicht, aber die Lustigsten." Wir waren meist auch bei den Besten dabei! Die lustigen Texte mit Gesang dargebracht, anlässlich der Meetings auf unserer Geschäftsstelle, die Manfred und ich schrieben, entstanden in den Pfälzer Weinstuben.

Franz Skrzypczak, er war über Jahre unser Geschäftsstellenleiter in München. Er war ein hervorragendes Vorbild wie man Menschen führt mit Herz und persönlicher Stärke. Ich habe mir Einiges von ihm abgeschaut, z.B. wie man motiviert, wie man seinen Mitarbeitern Beachtung schenkt und vieles mehr. Obendrein hat mich Franz Skrzypczak motiviert, Geschäftsstellen-Feiern mit Gesang zu gestalten. So haben wir – mein Manager Manfred B., einige Kollegen und ich -, auch noch miteinander gesungen und damit die gesamte „Mannschaft" der Geschäftsstelle motiviert.

Martin Weigle, er war Direktor des Bereiches „System Service Süd", ist mir in sehr guter Erinnerung, denn er war nicht nur ein sehr erfolgreicher Manager, sondern hatte seine Ziele auch mit Herz, Gefühl und persönlicher Stärke erreicht. Wie er geführt hatte, sah ich erst mit einem gewissen Abstand zu meiner früheren Tätigkeit in seinem Bereich. Martin ist ein weiterer Beweis dafür, dass man nicht nur **auch** seine Ziele mit den oben genannten Eigenschaften erreichen kann, sondern es ist sogar deswegen ein sicherer Weg zum Erfolg. Ein besonderer Dank gebührt ihm wegen seiner väterlichen Führung, die mich, in Zusammenarbeit mit Ernst Gucker, vor einem Fehler bewahrte, der meinem weiteren Weg nicht förderlich gewesen wäre.

Hans-Peter Müller, mein letzter Manager in unserer Firma. Er hat mich zu neuen Projekt-Ufern geleitet, er hat an mich als Projekt-Manager geglaubt. Er hat mir überzeugend erklärt, dass ein Projekt-Manager kein tiefes Fachwissen benötigt. Es war eine gute, konstruktive und fast freundschaftliche Zusammenarbeit.

Ernst Gucker, er hat mich in seine Abteilung genommen im Bereich „System Service Süd“, als mich nach dem geschilderten Wechsel vom Technischen Außendienst zur Software-Beratung keiner sonst wirklich brauchen konnte. Er gründete die Beratungslinie „Problem und Change Management“, zusammen mit Helmut Fischbäck, seinem Chefberater. Er zog mich aus meiner Lethargie. Ich wurde wieder gebraucht! Danke.

Helmut Fischbäck, er war, wie schon im Buch mehrfach erwähnt, mein genialer Lehrer während der Zeit der Projekte. Ohne ihn und sein Wissen, seine Ideen und seine persönliche große Stärke wäre ich nicht hier und schriebe ein Buch, ihm habe ich sehr viel zu verdanken.

Ich könnte dieses Kapitel nicht schließen, ohne einen besonderen Wegbegleiter zu erwähnen - **Klaus-Dieter Graf**. Zunächst war er mein Manager beim Projekt Amadeus, ein Manager mit mehreren sehr guten Eigenschaften. Er hat Herz und persönliche Stärke vorgelebt, zu einer Zeit, in der ich darüber noch nicht richtig nachdachte. Er war fachlich wie auch menschlich eine Koryphäe. Auch

Miami ist mir in diesem Kontext in sehr guter Erinnerung.

Anschließend, nach dem Beginn meines Vorruhestandes, den mir meine Firma ermöglichte, kreuzten sich unsere Wege immer wieder. Als „Executive Manager“ rief er mich zur Leitung eines internationalen Projektes. Selbst als er zum „Vice President“ einer amerikanischen Telefongesellschaft ernannt wurde, hat er es nie versäumt mir persönlich die Verantwortung für kritische Projekte zu übertragen. Er hat mir viel zugetraut, hat mich gefordert und gefördert. Es war für mich über viele Jahre eine sehr lehrreiche und konstruktive Zusammenarbeit.

Mein Dank gebührt ihm auch für den letzten Motivationsschub dieses Buch auf den Weg zu bringen.